省级实验教学示范中心系列教材

大学化学实验(Ⅰ)——无机化学实验

蔡可迎　主编

李　靖　冯　惠　副主编

化学工业出版社

·北京·

内容提要

本书为省级实验教学示范中心教材，全书包括无机化学实验基础知识、常数测定实验、物质性质实验、制备与纯化实验和附录五个部分，共 40 个实验项目。实验项目融合了验证性实验、合成实验、综合性实验以及设计性实验，每个实验均给出了 e 网链接。附录中给出了本书实验项目中相关的物理常数和部分仪器的操作方法，供读者参考。

本书可作为高等学校化学化工及相关专业无机化学实验课程的教材，还可供化学、化工、轻工、食品、环境等专业的相关技术及管理工作者参考。

图书在版编目（CIP）数据

大学化学实验（Ⅰ）——无机化学实验/蔡可迎主编 . —北京：化学工业出版社，2014.8（2020.8 重印）
省级实验教学示范中心系列教材
ISBN 978-7-122-21157-6

Ⅰ.①大… Ⅱ.①蔡… Ⅲ.①化学实验-高等学校-教材②无机化学-化学实验-高等学校-教材 Ⅳ.①O6-3

中国版本图书馆 CIP 数据核字（2014）第 143506 号

责任编辑：宋林青　　　　　　　　　文字编辑：李 玥
责任校对：陶燕华　　　　　　　　　装帧设计：史利平

出版发行：化学工业出版社（北京市东城区青年湖南街 13 号　邮政编码 100011）
印　　装：北京科印技术咨询服务公司顺义区数码印刷分部
787mm×1092mm　1/16　印张 8¾　字数 213 千字　2020 年 8 月北京第 1 版第 2 次印刷

购书咨询：010-64518888　　　　　　　售后服务：010-64518899
网　　址：http://www.cip.com.cn
凡购买本书，如有缺损质量问题，本社销售中心负责调换。

定　　价：28.00 元

　　《大学化学实验》系列教材共分五册，是根据目前大学基础化学实验改革的新趋势，在多年实践教学经验的基础上编写而成的。本教材自成体系，力求实验内容的规范性、新颖性和科学性，编入的实验项目既强化了基础，又兼顾了综合性、创新性和应用性。教材将四大化学的基本操作实验综合为一册，这样就避免了各门课程实验内容的重复；其他四册从实验（Ⅰ）～实验（Ⅳ），涵盖了无机化学实验、有机化学实验、分析化学实验、物理化学实验的专门操作技能和基本理论，增加了相关学科领域的新知识、新方法和新技术，并适当增加了综合性、设计性和创新性实验内容项目，以进一步培养学生的实际操作技能和创新能力。

　　本书是《大学化学实验》系列教材之一，主要内容为无机化学实验。无机化学实验是高等院校化学、化工、环境、生化、轻工及食品等专业的一门基础化学实验课程。作为一门实验课程，其目的不仅是验证理论知识，更重要的是通过实验教学训练实验的方法和技能，使学生逐步学会对实验现象进行观察、分析、判断和归纳总结，培养他们解决问题的能力。随着教学改革的深入，不同类型学校的培养目标差异明显。工科院校培养的学生面向基层、面向企业，应具有较强的实践动手能力，而教材建设必须与培养目标相适应。本书是编者在总结多年实验教学经验的基础上，精心选择 40 个实验项目编写而成的。全书由无机化学实验基础知识、常数测定实验、物质性质实验、制备与纯化实验和附录五个部分组成。每个实验项目均包括实验目的与要求，实验原理，仪器、试剂与材料，实验步骤，实验结果与数据处理，实验注意事项，思考题和 e 网链接八个部分。本书在选择实验内容时充分考虑了化学实验的特点和实验学时的限制，使每个实验项目能在几个学时内完成一定的实验技能训练。在实验教学方法的设计中，体现了既能对学生进行具体的实验指导又能启发他们积极思维、创新的目标。本书凝聚了多年来从事无机化学实验教学的老师和实验技术人员的辛勤劳动，兄弟院校的宝贵教学经验，历届学生的教学实践也给我们很多有益的启示，谨致谢意。

　　本书由蔡可迎任主编，李靖和冯惠任副主编。其中蔡可迎编写第 1 章、实验 11、12、13、14、15、16、25、26、27、28、29、30、31 和附录；冯惠编写实验 1、2、3、4、5、17、18、19、20、32、33、34、35；李靖编写实验 6、7、8、9、10、21、22、23、24、36、37、38、39、40。

　　因编者水平有限，书中不足之处难免，敬请广大读者不吝指正。

编　者

2014 年 4 月

目录

第1章 无机化学实验基础知识

1.1 无机化学实验基本要求

化学是一门以实验为基础的学科,许多化学理论和规律是在对大量实验资料进行分析的基础上,经概括、综合和总结而形成的,实验又为理论的完善和发展提供了依据。无机化学实验是独立设置的课程,其目的不仅是传授化学知识,更重要的是培养学生的学习能力和综合素质。通过无机化学实验课的学习,学生应受到下列训练:掌握基本操作,正确使用一些实验仪器,取得正确的实验数据,正确记录和处理实验数据以及用简练、严谨的文字表达实验结果;认真观察实验现象进而对实验数据进行分析、判断、推理,并得出结论;合理设计实验(包括选择实验方法、实验条件以及所需仪器、设备和试剂,设想可能遇到的问题和困难等)和解决实际问题;通过查阅手册、工具书和其他信息源获得信息。把培养学生实事求是的科学态度、熟练的操作技能、相互协作的精神和勇于开拓的创新意识始终贯穿于整个实验教学中。

1.1.1 无机化学实验的目的

① 使学生通过实验获得感性知识,巩固和加深对无机化学基本理论及基础知识的理解。进一步掌握常见元素及其化合物的重要性质和反应规律,了解无机化合物的一般提纯和制备方法。

② 对学生进行无机化学实验基本操作和基本技能的训练,使其学会使用一些常用仪器。

③ 培养学生独立进行实验、组织与设计的能力;培养学生细致观察与记录实验现象,正确测定与处理实验数据的能力;培养学生正确阐述实验结果的能力等。

④ 培养学生严谨的科学态度、良好的实验操作习惯和环境保护意识。

⑤ 为学生学习后续课程,参与实际工作和科学研究打下良好的基础。

1.1.2 无机化学实验的学习要求

① 实验前必须做好预习。认真阅读实验教材和相关资料,明确实验的目的和要求,掌握实验的基本原理,熟悉实验内容、操作步骤以及注意事项。

② 认真独立地完成实验。实验中要做到认真操作、细心观察、积极思考、如实记录。对于设计性实验审题要准确,仔细查阅文献资料,实验方案要合理可靠,以达到预期的目的。

③ 按时完成实验报告。书写实验报告是学生对所学知识进行归纳和提高的过程,也是培养严谨科学态度、实事求是精神的重要措施。实验报告要求书写规范、简明扼要、结论正确。

1.1.3 无机化学实验的学习方法

要达到上述目的和要求，不仅要有正确的学习态度，还需要有正确的学习方法。做好无机化学实验必须认真对待以下几个环节。

（1）预习

预习是保证做好实验的一个重要环节。实验者对实验的各个过程做到心中有数，才能使实验顺利进行，达到预期的效果。预习时应做到：认真阅读实验教材和参考教材中的相关内容；明确实验的目的和基本原理；掌握实验的预备知识和实验关键步骤，了解实验操作过程的注意事项；写出简明扼要的预习报告。

（2）实验

进行实验时要有科学、严谨的态度，养成做化学实验的良好习惯。实验时应做到：认真操作，严格遵守实验操作规范，注重基本操作训练与实验能力的培养；对每一个实验，不仅要掌握实验原理，更要重视操作训练，即使是一个很小的实验操作也要按规范要求一丝不苟地进行练习和操作；实验中要细心观察现象，尊重实验事实，及时、如实地做好详细记录，从中得到有用的结论；实验过程中应勤于思考、仔细分析，力争自己解决问题，遇到难以解决的疑难问题时，可请教师指点；在实验过程中保持肃静、遵守规则、注意安全、整洁节约；设计新实验或做规定以外的实验时，应先经指导教师允许；实验完毕后应主动洗净仪器，整理好药品及实验台。

（3）实验报告

实验报告是总结实验进行的情况、分析实验中出现的问题和整理归纳实验结果必不可少的基本环节，也是把感性认识提高到理性思维阶段的必要环节。实验报告反映出了每个学生的实验水平，实验报告是实验评分的重要依据。实验者必须严肃、认真、如实地写好实验报告，必须独立完成实验报告。实验报告应按照规定的格式书写，书写时应字迹端正、简明扼要、整齐清洁。若有实验现象、解释、结论、数据等不符合要求，则应重做实验或重写报告。

1.2 无机化学实验室基本知识

无机化学实验室是开展实验教学的主要场所，实验室中有许多仪器仪表、化学试剂甚至有毒药品，实验室常常潜藏着发生诸如爆炸、着火、中毒、灼伤、触电等事故的危险。因此，实验者必须特别重视实验安全。

1.2.1 实验室守则

① 实验前认真预习，明确实验目的，了解实验原理，熟悉实验内容、方法和步骤，做好实验准备工作；严格遵守实验室的规章制度，听从教师的指导。

② 实验时要集中精力、认真操作、积极思考、仔细观察、如实记录。实验中要保持安静，不得大声喧哗，不得随意走动。

③ 爱护财物，小心使用仪器和实验室设备，注意节约水、电和煤气。正确使用实验仪器、设备，精密仪器应严格按照操作规程使用，发现仪器有故障应立即停止使用，并及时向教师报告。

④ 实验台上的仪器、试剂瓶等应整齐地摆放在指定的位置上，注意保持台面整洁；每人应取用自己的仪器，公用或临时共用的玻璃仪器使用完后应洗净并放回原处。

⑤ 药品应按规定量取用，如未规定用量，则应注意节约使用；已取出的试剂不能再放回原试剂瓶中，以免带入杂质。取用药品的用具应保持清洁、干燥，以保证试剂的纯洁和浓度。取用药品后应立即盖上瓶盖，以免放错瓶盖，污染药品。放在指定位置的药品不得擅自拿走，用后要及时放回原处。实验中用过又规定要回收的药品，应倒入指定的回收瓶中。

⑥ 实验中的废渣、纸、碎玻璃、火柴梗等应倒入废品杯内；废液倒入指定的废液缸，剧毒废液由实验室统一处理；未反应完的金属洗净后回收；实验室的一切物品不得私自带出室外。

⑦ 实验结束后，应将所用仪器洗净后放到指定位置；实验室内的公共卫生由学生轮流打扫，并检查水、电，关好门窗。

1.2.2　实验室安全守则

① 一切易燃、易爆物质的操作都要在离火较远的地方进行；一切涉及有毒的或有恶臭的物质的实验，都应在通风橱中进行。

② 不要用湿手接触电源；完成实验后，关闭水、电、气；点燃的火柴用后应立即熄灭，不得乱扔。

③ 严禁在实验室内饮食、抽烟，以防止有毒药品进入口内。

④ 绝对不允许随意混合各种化学药品，以免发生意外事故。

⑤ 加热试管时，不要将试管口对着自己或别人，也不要俯视正在加热的液体，以免溅出的液体把人烫伤；在闻瓶中气体时，鼻子不能直接对着瓶口，而应用手轻轻扇动少量气体进行嗅闻。

⑥ 倾倒试剂或加热液体时，不要俯视容器，特别是浓酸和浓碱具有腐蚀性，切勿使其溅在皮肤或衣服上，注意防护眼睛；稀释酸、碱，特别是浓硫酸时，应将它们慢慢注入水中，并不断搅拌，切勿将水注入浓酸、浓碱中；强氧化剂（如氯酸钾、硝酸钾、高锰酸钾等）或其混合物不能研磨，以防引起爆炸；银氨溶液不能留存，因久置后会析出黑色的氮化银沉淀，极易爆炸。

⑦ 金属钾、钠和白磷等暴露在空气中易燃烧，所以金属钾、钠应保存在煤油中，白磷则可保存在水中，取用时要用镊子；金属汞易挥发，并通过呼吸道进入人体内，逐渐积累会引起慢性中毒，一旦出现金属汞洒落，必须尽可能地收集起来，并用硫粉盖在洒落的地方，使金属汞转变成不挥发的硫化汞。

⑧ 遵守实验室的各种规章制度。

1.2.3　意外事故的紧急处理

因各种原因而发生事故后，千万不要慌张，应沉着冷静，立即采取有效措施处理事故。

（1）割伤

先将伤口中的异物取出，伤轻者可涂以紫药水（或红汞、碘酒）或贴上"创可贴"包扎；伤势较重时先用酒精清洗消毒，再用纱布按住伤口，压迫止血，立即送医院治疗。

（2）烫伤

被火、高温物体或开水烫伤后，不要用冷水冲洗或浸泡，若伤处皮肤未破可将碳酸氢钠粉调成糊状敷于伤处，也可用10％的高锰酸钾溶液或者苦味酸溶液洗灼伤处，再涂上烫伤膏。

（3）受强酸腐蚀

立即用大量水冲洗，再用饱和碳酸氢钠或稀氨水冲洗，最后再用水冲洗；若酸液溅入眼睛，用大量水冲洗后，立即送医院诊治。

（4）受浓碱腐蚀

立即用大量水冲洗，再用2％醋酸溶液或饱和硼酸溶液冲洗，最后再用水冲洗；若碱液溅入眼睛，用3％硼酸溶液冲洗，然后立即到医院治疗。

（5）受溴腐蚀致伤

用苯或甘油洗伤口，再用水洗。

（6）受磷灼伤

应立即用1％硝酸银、5％硫酸铜或浓高锰酸钾溶液洗伤处，除去磷的毒害后，再按一般烧伤的处理方法处置。

（7）吸入刺激性或有毒气体

吸入氯气、氯化氢气体时，可吸入少量酒精和乙醚的混合蒸气解毒；吸入硫化氢或一氧化碳气体而感到不适(头晕、胸闷、欲吐)时，应立即到室外呼吸新鲜空气。应注意氯气、溴中毒不可进行人工呼吸。

（8）毒物入口

可口服一杯含有5～10mL稀硫酸铜溶液的温水，再用手指伸入咽喉部，促使呕吐，然后立即送医院治疗。

（9）触电

立即切断电源，或尽快用木棒、竹竿等绝缘物将触电者与电源隔开，必要时进行人工呼吸。

（10）起火

要立即灭火，并采取切断电源、移走易燃药品等措施防止火势蔓延，必要时应报火警。灭火时要针对起火原因选择合适的方法和灭火设备。

① 一般的起火，小火用湿布、石棉布或沙土覆盖燃烧物即可灭火；大火可以用水、泡沫灭火器、二氧化碳灭火器灭火。

② 活泼金属如钠、钾、镁、铝等引起的着火，不能用水、泡沫灭火器或二氧化碳灭火器灭火，只能用沙土、干粉灭火器灭火；有机溶剂着火时切勿使用水、泡沫灭火器灭火，而应该用二氧化碳灭火器、专用防火布、沙土、干粉灭火器等灭火。

③ 精密仪器、设备着火时，首先切断电源，小火可用石棉布或沙土覆盖灭火，大火用四氯化碳灭火器灭火，也可以用干粉灭火器。不可用水、泡沫灭火器灭火，以免触电。

④ 身上衣服着火时，切勿惊慌乱跑，应赶快脱下衣服或用专用防火布覆盖着火处，或就地卧倒打滚，这样也可起到灭火的作用。

第2章 常数测定实验

实验 1　摩尔气体常数的测定

【实验目的与要求】

1. 掌握一种测量摩尔气体常数的方法及操作；
2. 学习理想气体状态方程式及气体分压定律的应用；
3. 练习测定气体体积的操作及气压计的使用；
4. 学习误差的表示、数据的取舍、有效数字及其应用。

【实验原理】

在理想气体状态方程 $pV = nRT$ 中，摩尔气体常数 $R = pV/nT$ 是可以通过实验来确定的。本实验通过金属镁与稀硫酸发生置换反应产生氢气来测定 R 的数值，其反应式为：

$$Mg + H_2SO_4 =\!=\!= MgSO_4 + H_2 \uparrow$$

如果称取一定量的镁与过量的稀硫酸反应，则在一定温度和压力下，可以测算出反应所放出的氢气的体积。实验时的温度和压力可以分别由温度计和气压计测得。氢气的物质的量可以通过反应中镁的质量计算求出：

$$n_{H_2} = \frac{m_{H_2}}{M_{H_2}} = \frac{m_{Mg}}{M_{Mg}}$$

由于氢气是在水面上收集的，因此氢气中还会混有一定量的水蒸气。所以需要查阅在实验温度下水的饱和蒸气压(见附录 4)。根据气体分压定律，氢气的分压可由下式求得：

$$p_{大气} = p_{H_2O} + p_{H_2}$$

$$p_{H_2} = p_{大气} - p_{H_2O}$$

将实验测量和计算得到的数据代入理想气体方程中，即可计算出 R 的数值。

本实验也可以通过锌或者铝与稀硫酸的反应来测定 R 值。利用这种方法也可以测定一定温度下气体的摩尔体积和金属的摩尔质量等。

【仪器、 试剂与材料】

1. 仪器：电子天平，量气管(或用 50mL 碱式滴定管替代)，试管，滴定管夹，铁圈，铁架台，量筒，长颈漏斗，气压计，温度计。

2. 试剂与材料：$H_2SO_4(3mol \cdot L^{-1})$，砂纸，金属镁条，乳胶管。

【实验步骤】

1. 镁条的称量

用砂纸清洁镁条，除去表面的氧化物与脏物，直至镁条表面光亮无黑点。用电子天平准确称取 2～3 份已经擦去表面氧化物的镁条，每份质量应控制在 0.0300～0.0350g 之间。每根镁条用小称量纸包好，在纸包上写上镁条的质量后保存。

2. 仪器的安装与检查

如图 1-1 所示装置仪器，打开试管的塞子，由水准瓶往量气管中注水至略低于 0.00 刻度的位置，上下移动水准瓶以赶尽附着在乳胶管和量气管内壁的小气泡，再移动水准瓶使量气管中的水面略低于 0.00 刻度的位置，接着固定水准瓶。

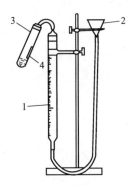

检查实验装置是否漏气，方法如下：塞紧试管上的塞子。将水准瓶向下移动至量气管的 30.00 刻度处，此时能够看到量气管的液面下降，但仅下降了一小段便不再下降，此时量气管的液面高度高于水准瓶中液面高度。固定水准瓶 3～5min 后，量气管内的液面仍维持不变，说明该装置不漏气，可以继续下面的实验操作。若量气管内的液面继续下降，甚至降到和水准瓶中的液面相同的高度，说明实验装置漏气。此时应仔细检查各连接处，直至不漏气后方可继续下面的操作。

图 1-1　摩尔气体常数的测定仪器装置
1—量气管；2—漏斗(水准瓶)；
3—试管(反应器)；4—镁条

3. 镁条与稀酸的反应

用长颈漏斗加 3.0mL 3mol·L^{-1} 硫酸到试管底部 (切勿使酸沾在试管壁上)。在称好的镁条上蘸少量蒸馏水，使镁条紧贴在试管上部壁上。然后，调整漏斗高度，使量气管液面保持在略低于 0.00 刻度的位置，塞紧磨口塞，再次检查是否漏气。

调整量气管和水准瓶内液面保持在同一水平面上，准确读取量气管液面的刻度 V_1，记录。然后倾斜试管，使镁条落入硫酸溶液中。再将试管放回原处，此时反应立即发生，氢气产生，量气管中的液面开始下降。为了不使量气管内气压过大而造成漏气，可以慢慢下移水准瓶，使水准瓶中的液面与量气管中的液面基本保持在同一水平面上。待反应停止后，将水准瓶固定，待试管冷却至室温，再移动水准瓶，使量气管和水准瓶中的液面保持在同一水平面上，准确读出量气管内液面高度的刻度 V_2。稍等 1～2min 再读取液面刻度，若两次读数相同，则说明试管内的温度和环境温度相同。

洗净小试管内壁，再用另两份已称量的镁条重复实验。从气压计中读出大气压力，记录室温。并从附录 4 中查出此室温下水的饱和蒸气压。

【实验结果与数据处理】

将实验数据填入表 1-1 中。

相关计算公式：

$$p_{H_2} = p_{大气} - p_{H_2O}$$

$$R = \frac{p_{H_2} V_{H_2}}{n_{H_2} T} = \frac{(p_{大气} - p_{H_2O}) V_{H_2}}{m_{Mg} T} M_{Mg}$$

表 1-1　摩尔气体常数的测定结果

项目		1	2	3
镁条的质量 m_{Mg}/g				
气体体积	反应后的气体读数 V_2/mL			
	反应前的气体读数 V_1/mL			
生成氢气的体积 V_{H_2}/mL				
大气压 $p_{大气}/Pa$				
温度 T/K				
室温时水的饱和蒸气压 p_{H_2O}/Pa				
p_{H_2}/Pa				
$R/J \cdot mol^{-1} \cdot K^{-1}$	测量值			
	平均值			
	文献值			
相对百分误差/%				

【实验注意事项】

1. 先用砂纸除去镁条表面的氧化膜，并将镁条剪成一定长度，称量好后应分片包好写上相应质量，保存在干燥器中。

2. 量气管可用碱式滴定管代替，要洗涤清洁，管壁内不能挂水珠，否则影响体积的测量。

3. 整个装置不能漏气，装置搭好后和反应进行前都应仔细检查。

【思考题】

1. 检查实验装置是否漏气的操作依据是什么？实验过程中进行了两次检漏操作，哪次相对更重要？

2. 反应前量气管上部留有空气，反应后计算氢气物质的量时，为什么不考虑空气的分压？

3. 分析讨论下列情况对实验结果的影响。

(1) 量气管内的气泡没有赶净。

(2) 反应过程中装置漏气。

(3) 金属表面氧化物没有除尽。

(4) 放置镁条时，镁条接触到酸。

(5) 记录液面位置时，量气管和水准瓶中的液面不在同一水平面。

(6) 量气管中的氢气没有冷却至室温就开始读取量气管的刻度。

【e网链接】

1. http：//wenku. baidu. com/view/024a5934a32d7375a417806b. html

2. http：//www. doc88. com/p-14685881276. html

3. http：//blog. sina. com. cn/s/blog _ 69545c9e0100jah8. html

实验 2 二氧化碳相对分子质量的测定

【实验目的与要求】

1. 了解气体相对密度法测定二氧化碳相对分子质量的原理和方法；
2. 加深理解阿伏伽德罗定律；
3. 掌握二氧化碳相对分子质量的测定和计算方法；
4. 练习启普发生器的使用和气体净化操作，学会使用气压计。

【实验原理】

相对分子质量是物质的分子或特定单元的平均质量与核素^{12}C原子质量的 1/12 之比，用符号 M 表示，它是无量纲的量。

测定二氧化碳相对分子质量的原理为：根据阿伏伽德罗定律，同温、同压、同体积的气体含有相同的分子数，所以只要在同温、同压下比较两种相同体积的气体质量，并且其中一种气体的相对分子质量为已知，便可测定另一种气体的相对分子质量。这种方法称为气体相对密度法。

本实验中，把同体积的二氧化碳气体与空气(其平均相对分子质量为 29.0)相比。因为 n 相同，而 $n = m/M$，因此 $m_1/M_1 = m_2/M_2$。所以，二氧化碳的相对分子质量可由下式计算：

$$M_{二氧化碳} = (m_{二氧化碳}/m_{空气})M_{空气} = (m_{二氧化碳}/m_{空气}) \times 29.0$$

式中，$m_{二氧化碳}$ 和 $m_{空气}$ 分别为二氧化碳和空气的质量；$M_{二氧化碳}$ 和 $M_{空气}$ 分别为二氧化碳和空气的相对分子质量。

因此，只需在实验中测出一定体积的二氧化碳的质量，并根据实验时大气压和温度的值，代入理想气体状态方程计算出同体积的空气的质量，即可求得二氧化碳对空气的相对密度，最终计算出二氧化碳的相对分子质量。

测定某气体对任一相对分子质量已知气体的相对密度，即可求出该气体的相对分子质量。一般会选取最轻的气体氢气或最常见的空气作为测定相对密度的参照物。

【仪器、试剂与材料】

1. 仪器：电子天平，启普发生器，气压计，温度计，台秤，洗气瓶，干燥管，锥形瓶，铁架台，试管夹，自由夹，量筒，剪刀，钻孔器。

2. 试剂与材料：HCl(6mol·L^{-1})，NaHCO$_3$(1mol·L^{-1})，CuSO$_4$(1mol·L^{-1})，石灰石，无水氯化钙，橡皮塞，乳胶管，玻璃纤维。

【实验步骤】

1. 二氧化碳的制备

二氧化碳是由盐酸与石灰石反应制得的，如图 2-1 装配好启普发生器及相关仪器。

在启普发生器中放入石灰石，加入 6mol·L^{-1} 的盐酸，打开旋塞，盐酸即从底部上升与石灰石反应，产生气体。因为石灰石中含有大量的硫，所以在气体产生过程中会有硫化氢、酸雾、水蒸气产生。此时可以通过硫酸铜溶液、碳酸氢钠溶液以及无水氯化钙来除去。

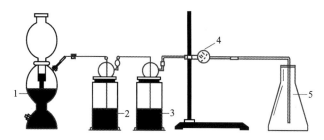

图 2-1 启普发生器及相关仪器装置

1—石灰石和稀盐酸；2—硫酸铜溶液；3—碳酸氢钠溶液；4—无水氯化钙；5—锥形瓶

2. 二氧化碳相对分子质量的测定

取一只 250mL 烘干的洁净锥形瓶，用一个紧密合适的橡胶塞塞紧(塞子塞入瓶颈的深度做好记号)，放在电子天平上准确称出其质量 m_1。

拔去塞子，将启普发生器的导气管插入锥形瓶底部。打开旋塞，通入二氧化碳约 2～3min 后，用点着的火柴检测锥形瓶是否装满二氧化碳气体。将塞子塞到之前做好记号的位置，再放在同一电子天平上称量。为了保证空气完全被二氧化碳气体排除，可再通入二氧化碳气体 2～3min，然后再称质量。重复这一操作，直至两次称量的结果相差不超过 2mg 为止。记下装满二氧化碳气体的锥形瓶的重量 $m_2 \sim m_4$。

最后，为了测定锥形瓶的容积，可将锥形瓶装水至之前做好的记号，塞上塞子，然后在台秤上称量其质量 m_6，精确至 0.1g，记录室温和大气压力。

【实验结果与数据处理】

将实验数据和结果处理填入表 2-1。

表 2-1 二氧化碳相对分子质量的测定结果

项　　目		数据
实验时室温 T/K		
实验时大气压 p/Pa		
充满空气的锥形瓶和塞子的质量 m_1/g		
充满二氧化碳气体的锥形瓶和塞子的质量	第一次 m_2/g	
	第二次 m_3/g	
	第三次 m_4/g	
	平均值 m_5/g	
水＋锥形瓶＋塞子的质量 m_6/g		
锥形瓶的容积 $V=(m_6-m_1)/1.00$		
瓶内空气的质量 $m_{空气}=pVM_{空气}/RT$		
二氧化碳气体的质量 $m_{二氧化碳}=m_5-m_1+m_{空气}$		
二氧化碳的相对分子质量 $M_{二氧化碳}=(m_{二氧化碳}/m_{空气})\times29.0$		
$M_{二氧化碳}$(文献值)		
相对误差/%		

【实验注意事项】

1. 应在同一台电子天平上称量锥形瓶，锥形瓶和塞子应该配套，中途不得更换塞子。

2. 使用启普发生器时应注意，启普发生器不能加热。

3. 使用的石灰石必须呈块状或者颗粒较大，以防颗粒过小在反应时堵塞出气口。

4. 移动或拿取启普发生器时，应用手握住其半球体上部凹进部位，绝不可用手提球形漏斗，以防脱落打碎葫芦状容器，造成伤害事故。

5. 塞子钻孔或连接玻璃管时，应小心操作。

【思考题】

1. 气体相对密度法测定二氧化碳相对分子质量的原理和方法是什么？

2. 从启普发生器中制取的二氧化碳气体为什么要通过装有硫酸铜和碳酸氢钠的洗气瓶？这两个洗气瓶能否颠倒顺序？为什么？

3. 在称量过程中，为什么装满水的锥形瓶和塞子在台秤上称量，而充满二氧化碳气体的锥形瓶和塞子在电子天平上称量？两者的要求有什么差异？

4. 为什么在计算二氧化碳气体质量时，需要考虑空气的质量，而在计算锥形瓶容积时不考虑空气的质量？

5. 试分析实验过程中产生误差的原因。

【e 网连接】

1. http：//wenku. baidu. com/view/cc87ced4360cba1aa811dafd. html

2. http：//www. docin. com/p-193898358. html

3. http：//www. docin. com/p-99656301. html

4. http：//www. doc88. com/p-148805516431. html

实验 3 氢气的制备和铜相对原子质量的测定

【实验目的与要求】

1. 通过制取纯净的氢气来学习并掌握气体的发生、收集、净化和干燥的基本操作；

2. 掌握通过氢气的还原性来测定铜的相对原子质量的方法；

3. 掌握误差的表示、数据的取舍、有效数字及其应用。

【实验原理】

在实验室中，通常使用启普发生器来使固体试剂与液体试剂在常温下作用，以此来制备气体。例如用石灰石和稀盐酸作用制备二氧化碳气体，用镁和稀硫酸作用制备氢气，用硫化亚铁和稀盐酸作用制备硫化氢气体等。

本实验采用金属锌与稀硫酸反应制备得到氢气，而后利用氢气的还原性，使其与氧化铜反应，制备得到金属铜。反应式如下：

$$Zn + H_2SO_4 = ZnSO_4 + H_2 \uparrow$$
$$CuO + H_2 = Cu + H_2O$$

根据反应方程式可知，$n_O = n_{Cu}$，所以 $m_O/M_O = m_{Cu}/M_{Cu}$，则有：

$$M_{Cu} = \frac{m_{Cu}}{m_O} M_O = \frac{m_{Cu}}{m_O} \times 16.0$$

式中，m_{Cu} 和 m_O 分别为铜和氧的质量；M_O 和 M_{Cu} 分别为铜和氧的相对原子质量。因此只要在实验中测得铜和氧的质量，代入公式就能计算出铜的相对原子质量。

【仪器、试剂与材料】

1. 仪器：电子天平，启普发生器，试管，酒精灯，铁圈，铁架台，量筒，洗气瓶，导气管，乳胶管，干燥管，球形漏斗，瓷舟，硬质试管。

2. 试剂与材料：$KMnO_4$（$0.1mol \cdot L^{-1}$），醋酸铅（饱和溶液），硫酸（$6mol \cdot L^{-1}$），锌粒（固体），CuO（固体），玻璃棉，凡士林。

【实验步骤】

1. 气体的制备

如图 3-1 所示，搭好启普发生器装置和测定铜相对原子质量装置。在球形漏斗颈和玻璃旋塞处涂抹一层凡士林，安装好球形漏斗和玻璃旋塞后，转动几次，增强装置的气密性。

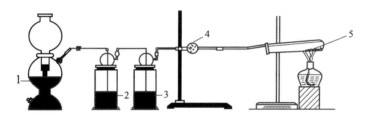

图 3-1 启普发生器和测定铜相对原子质量装置
1—金属锌和稀硫酸；2—醋酸铅溶液；3—高锰酸钾溶液；4—无水氯化钙；5—氧化铜

（1）启普发生器气密性的检查

开启旋塞，从球形漏斗口注水至充满半球体，关闭旋塞。继续加水，待水从漏斗管上升到漏斗球体内时，便不再加水。在水面上做一记号，静置 2min，如果水面没有下降，则说明不漏气，可以继续使用。如果漏气，则需要检查装置，及时排除漏气的情况。

（2）氢气的制备

在启普发生器中装上锌粒和 $6mol \cdot L^{-1}$ 硫酸溶液。加入锌粒前可在中间球体底部加入少许玻璃棉，以防止固体直接掉落至半球体底部和用力过猛使启普发生器破碎。加入固体的量不宜太多，不超过容积的三分之一为宜。稀硫酸从球形漏斗中加入。

使用时打开旋塞，由于中间球体内部压力降低，酸液从底部通过狭缝进入中间球体与固体接触产生气体。

（3）氢气的纯度检测

为了实验安全，必须要检测制备得到的氢气纯度。检查方法：用一支小试管收满氢气。用中指和食指夹住试管，大拇指盖住试管口。将试管口靠近火焰（检测时火焰需距离启普发生器装置至少 1m），大拇指离开试管口，若听到平稳细微的"扑"声，则说明收集到的是纯净的氢气；如果听到尖锐的爆鸣声，则说明气体不纯净，继续收集检测，直到气体纯净为止（每检测一次需要更换新的试管）。

2. 测定铜的相对原子质量

在电子天平上准确称量一个洁净干燥的瓷舟，在瓷舟上放入已经称量过的氧化铜，使其均匀地平铺在瓷舟上，再准确称量瓷舟和氧化铜的质量。将瓷舟小心地放进一支硬质试管中，并将试管固定在铁架台上。操作中注意不要使氧化铜洒落，造成损失。在检查了氢气纯度后，把导气管插入试管并置于瓷舟之上(不要接触到氧化铜)。待试管中空气完全排出后(空气一定要完全排出)，用酒精灯加热试管中的固体，直至黑色的氧化铜完全变成红色的铜后，移开酒精灯，并继续通入氢气直至试管冷却，再停止通入氢气。用滤纸吸干试管口冷凝的小水珠后，小心拿出瓷舟，再次准确称量瓷舟和铜的总质量。

【实验结果与数据处理】

将实验数据填入表 3-1 中。

表 3-1　铜相对原子质量的测定结果

项　目		数　据
瓷舟的质量 m_1/g		
瓷舟和氧化铜的质量 m_2/g		
瓷舟和金属铜的质量 m_3/g		
铜的质量 m_{Cu}/g		
氧的质量 m_O/g		
铜的相对原子质量 M_{Cu}	测量值	
	文献值	
相对误差/%		

【实验注意事项】

1. 在制备氢气之前必须检查装置的气密性以及各部分连接是否正确。

2. 在测定铜相对原子质量实验之前，必须检查氢气的纯度。在实验过程中，用酒精灯加热前必须将试管中的空气全部赶尽才可以进行加热。

3. 硬质试管在加热过程中，必须管口略向下倾斜，以防止蒸汽冷凝逆流进试管中造成试管爆裂。

4. 试管口的小水珠必须擦干净后，才可取出瓷舟，进行称量。

【思考题】

1. 为什么要检查氢气的纯度？

2. 在做完氢气的还原性实验后，为什么还要继续通入氢气直至试管冷却？

3. 分析讨论下列情况对实验结果的影响：

(1) 试样中有水分或试管中水分没有除净。

(2) 氧化铜没有完全还原成铜。

(3) 冷凝在试管口的水珠没有吸干。

4. 设计一个实验，证明 $KClO_3$ 中含有氧元素和氯元素。

【e 网链接】

1. http://www.docin.com/p-571810073.html

2. http://www.chinadmd.com/file/wstsctercu6osoowcpt3wxui _ 1.html

3. http://www.jyeoo.com/chemistry2/ques/detail/4da08bff-a74f-4fe5-

af46-d371db40596b

4. http：//www. docin. com/p-13217749. html

5. http：//www. docin. com/p-729868038. html

实验 4　氯化铵生成焓的测定

【实验目的与要求】

1. 学习用量热计测定 NH_4Cl 生成焓的简单方法；

2. 加深对有关热化学知识的理解。

【实验原理】

热力学标准状态下由稳定单质生成 1mol 化合物时的反应焓变（$\Delta_r H_m^\ominus$）称为该化合物的标准摩尔生成焓（$\Delta_f H_m^\ominus$）。标准摩尔生成焓一般可通过测定有关反应热间接求得。本实验依次测定 $NH_3(aq)$ 和 $HCl(aq)$ 的中和热与 $NH_4Cl(s)$ 的溶解热，然后利用氨水和盐酸的标准生成焓，通过盖斯（Hess）定律而求得氯化铵固体的标准生成焓。具体过程如下：

$$NH_3(aq) + HCl(aq) \longrightarrow NH_4Cl(aq)$$

$$\Delta_r H_m^\ominus{}_{中和} = \Delta_f H_m^\ominus(NH_4Cl,aq) - [\Delta_f H_m^\ominus(HCl,aq) + \Delta_f H_m^\ominus(NH_3,aq)] \tag{4-1}$$

$$NH_4Cl(s) \longrightarrow NH_4Cl(aq)$$

$$\Delta_r H_m^\ominus{}_{溶解} = \Delta_f H_m^\ominus(NH_4Cl,aq) - \Delta_f H_m^\ominus(NH_4Cl,s) \tag{4-2}$$

根据盖斯（Hess）定律：

$$\Delta_f H_m^\ominus(NH_4Cl,aq) = \Delta_r H_m^\ominus{}_{中和} + \Delta_f H_m^\ominus(HCl,aq) + \Delta_f H_m^\ominus(NH_3,aq)$$

$$= \Delta_r H_m^\ominus{}_{溶解} + \Delta_f H_m^\ominus(NH_4Cl,s) \tag{4-3}$$

$$\Delta_f H_m^\ominus(NH_4Cl,s) = \Delta_r H_m^\ominus{}_{中和} + \Delta_f H_m^\ominus(HCl,aq) + \Delta_f H_m^\ominus(NH_3,aq) - \Delta_r H_m^\ominus{}_{溶解} \tag{4-4}$$

中和热和溶解热可采用简易量热计来测量。当反应在量热计中进行时，反应放出或吸收的热量将使量热计系统温度升高或降低。因此，只要测定量热计系统温度的改变值 ΔT 以及量热计系统的热容 C_p，就可以利用下式计算出上述过程的热效应：

$$\Delta_r H_m^\ominus{}_{中和} = -(cm\Delta T + C_p\Delta T)/n \tag{4-5}$$

$$\Delta_r H_m^\ominus{}_{溶解} = -(cm\Delta T + C_p\Delta T)/n \tag{4-6}$$

式中，$\Delta_r H_m^\ominus{}_{中和}$ 为中和热，$J \cdot mol^{-1}$；$\Delta_r H_m^\ominus{}_{溶解}$ 为溶解热，$J \cdot mol^{-1}$；m 为物质的质量，g；c 为物质的比热容，$J \cdot g^{-1} \cdot K^{-1}$；$\Delta T$ 为反应终了温度与起始温度之差，K；C_p 为量热计的热容，$J \cdot K^{-1}$；n 为反应物质的物质的量，mol。

量热计系统的热容 C_p 是指量热计系统温度升高 1K 时所需的热量。测定量热计系统的热容有多种方法。一是采用化学反应标定法，即利用盐酸和氢氧化钠水溶液在量热计内反应，测定其系统温度改变值 ΔT 后，根据已知的中和热（$\Delta H^\ominus = -57.3 kJ \cdot mol^{-1}$）求出量热计系统的热容 C_p。二是在量热计中加入一定质量 m（如 50g）、温度为 T_1 的冷水；再加入相同质量温度为 T_2 的热水，测定混合后水的最高温度 T_3。已知水的比热容为 $4.184 J \cdot g^{-1} \cdot$

K^{-1}，设量热计的热容为 C_p，则：

$$热水失热 = 4.184m(T_2 - T_3) \tag{4-7}$$

$$冷水得热 = 4.184m(T_3 - T_1) \tag{4-8}$$

$$量热计得热 = C_p(T_3 - T_1) \tag{4-9}$$

根据能量守恒定律得：热水失热＝冷水得热＋量热计得热

可得：

$$C_p = 4.184m[(T_2 - T_3) - (T_3 - T_1)]/(T_3 - T_1) \tag{4-10}$$

本实验采用后者方法测定量热计系统的热容 C_p。

由于反应后的温度不能马上达到最高，需要一段时间才能升到最高值，而实验所用简易量热计不是严格的绝热系统，在这段时间内，量热计不可避免地会与周围环境发生热交换。由此带来的温度偏差需要进行校正，通常采用图解法确定系统温度变化的最大值。以实验测得的温度为纵坐标、时间为横坐标绘图，即绘制温度-时间(见图 4-1)曲线。按虚线外推到开始混合的时间($t=0$)，求出温度变化最大值(ΔT)，这个外推的 ΔT 值能较客观地反映出由反应热所引起的真实温度变化。

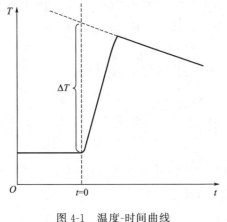

图 4-1　温度-时间曲线

【仪器、试剂与材料】

1. 仪器：保温杯，0.1℃温度计，台秤，秒表，烧杯(100mL)，量筒(100mL)。

2. 试剂与材料：HCl(1.5mol·L^{-1})，NH$_3$·H$_2$O(1.5mol·L^{-1})，NH$_4$Cl(固体)。

【实验步骤】

1. 量热计热容的测定

① 用量筒量取 50.0mL 去离子水，倒入量热计中，盖好后适当摇动，待系统达到热平衡后(约 5～10min)，记录温度 T_1(精确到 0.1℃)。

② 在 100mL 烧杯中加入 50.0mL 去离子水，加热到高于 T_1 约 30℃左右，静置 1～2min。待热水系统温度均匀时，迅速测量温度 T_2(精确到 0.1℃)，并马上将热水倒入量热计中，盖好后不断地摇动保温杯，并立即计时和记录水温。每隔 20s 记录一次温度，直至温度上升到最高点，再继续测定 8～10 次。

将上述实验重复一次，取两次实验所得结果，作 T-t 图，用外推法求最高温度 T_3，并计算量热计热容 C_p 的平均值。

2. 盐酸与氨水中和热的测定

用干燥量筒量取 50.0mL 1.5mol·L^{-1}NH$_3$·H$_2$O，倒入干燥洁净的量热计中。记录氨水的温度 5min(间隔 30s，温度精确到 0.1℃，以下相同)。然后量取 50.0mL 1.5mol·L^{-1}HCl溶液，倒入干燥烧杯中。再将烧杯中的盐酸迅速加入量热计，立刻盖上保温杯顶盖，测量并记录 T-t 数据，并不断地摇动保温杯，直至温度上升到最高点，再继续测量 3min。

3. 氯化铵溶解热的测定

称取 4.0g NH$_4$Cl(固体)备用。量取 100mL 去离子水，倒入量热计中，测量并记录水温 5min。然后加入 NH$_4$Cl(固体)并立刻盖上保温杯顶盖，测量 T-t 数据，不断地摇动保温杯，促使固体溶解，直至温度下降到最低点，再继续测量 3min。

【实验结果与数据处理】

1. 分别记录实验步骤 1～3 的 T-t 数据。
2. 分别作出实验步骤 1～3 的 T-t 图。
3. 依据三个 T-t 图，分别用外推法求出三个 ΔT：$\Delta T_{水}$、$\Delta T_{中和}$、$\Delta T_{溶解}$。
4. 根据 $\Delta T_{水}$ 和式(4-10)计算量热计 C_p。
5. 根据 $\Delta T_{中和}$ 和式(4-5)、$\Delta T_{溶解}$ 和式(4-6)以及 C_p 计算 $\Delta_r H_m^{\ominus}{}_{中和}$ 和 $\Delta_r H_m^{\ominus}{}_{溶解}$。
6. 查表获得 $\Delta_f H_m^{\ominus}$(HCl，aq)和 $\Delta_f H_m^{\ominus}$(NH₃，aq)，代入式(4-4)中，再结合 $\Delta_r H_m^{\ominus}{}_{中和}$ 和 $\Delta_r H_m^{\ominus}{}_{溶解}$ 即可计算 $\Delta_f H_m^{\ominus}$(NH₄Cl，s)。

已知 NH₃(aq)和 HCl(aq)的标准摩尔生成焓分别为 $-80.29\text{kJ}\cdot\text{mol}^{-1}$ 和 $-167.159\text{kJ}\cdot\text{mol}^{-1}$，根据 Hess 定律计算 NH₄Cl(固体)的标准摩尔生成焓，并对照查得的数据计算实验误差(如操作与计算正确，所得结果的误差可小于 3%)。

【实验注意事项】

1. 量热计每次用完后要清洗干净才能继续下一个实验，否则会影响实验的结果。
2. 当加入 NH₄Cl 固体并盖好杯盖后，可适当摇动量热计以促进 NH₄Cl 的溶解。

【思考题】

1. 为什么放热反应的 T-t 曲线的后半段逐渐下降，而吸热反应则相反？
2. NH₃(aq)和 HCl(aq)反应的中和热与 NH₄Cl(固体)的溶解热之差，是哪一个反应的热效应？
3. 实验产生误差的可能原因有哪些？

【e 网链接】

1. http://www.docin.com/p-67272340.html
2. http://www.doc88.com/p-010996585598.html
3. http://wenku.baidu.com/view/2c16242c7375a417866f8f27.html
4. http://www.docin.com/p-99668984.html

实验5 过氧化氢分解热的测定

【实验目的与要求】

1. 测定过氧化氢稀溶液的分解热，了解测定反应热效应的一般原理和方法；
2. 学习用简单的作图方法计算温差；
3. 进一步熟悉温度计和秒表的使用方法。

【实验原理】

过氧化氢(H_2O_2)浓溶液在温度高于 150℃ 或混入具有催化活性的如 Fe^{2+}、Cr^{3+} 等一些多变价的过渡金属离子时，就会发生爆炸性分解：

$$H_2O_2(l) = H_2O(l) + 1/2 O_2(g)$$

但在常温和无催化活性杂质存在的情况下，过氧化氢相当稳定。对于过氧化氢稀溶液来说，升温或加催化剂，均不会引起爆炸性分解，是相对安全的。

在一般的测定实验中，溶液的浓度很稀时，其比热容(c_{aq}，单位为 $J \cdot g^{-1} \cdot K^{-1}$)近似等于溶剂的比热容($c_{solv}$，单位为 $J \cdot g^{-1} \cdot K^{-1}$)，并且溶液的质量($m_{aq}$)近似等于溶剂的质量($m_{solv}$)，量热计的热容($C_{计}$，单位为 $J \cdot K^{-1}$)可表示为：

$$C_{计} = c_{aq}m_{aq} + C_p \approx c_{solv}m_{solv} + C_p \tag{5-1}$$

式中，C_p 为量热计装置的热容，$J \cdot K^{-1}$。

化学反应产生的热量，使量热计的温度升高。要测量量热计吸收的热量必须先测量量热计的热容($C_{计}$)。在本实验中采用稀过氧化氢水溶液，因此：

$$C_{计} = c_水 m_水 + C_p \tag{5-2}$$

式中，$c_水$ 为水的比热容，等于 $4.184 J \cdot g^{-1} \cdot K^{-1}$；$m_水$ 为水的质量，在室温附近，水的密度等于 $1.00 kg \cdot L^{-1}$，因此，在数值上 $m_水 = V_水$，其中 $V_水$ 表示水的体积。

量热计装置的热容可用下述方法测得：往盛有质量为 m 的水(温度为 T_1)的量热计装置中，迅速加入相同质量的热水(温度为 T_2)，测得混合后水的温度为 T_3，则

$$热水失热：Q_热 = c_水 m_水 (T_2 - T_3) \tag{5-3}$$

$$冷水得热：Q_冷 = c_水 m_水 (T_3 - T_1) \tag{5-4}$$

$$量热计装置得热：Q_计 = C_p (T_3 - T_1) \tag{5-5}$$

根据热量平衡规律 $Q_放 = Q_吸$，可得到：

$$c_水 m_水 (T_2 - T_3) = c_水 m_水 (T_3 - T_1) + C_p (T_3 - T_1) \tag{5-6}$$

整理得：

$$C_p = c_水 m_水 \frac{T_1 + T_2 - 2T_3}{T_3 - T_1} \tag{5-7}$$

严格地说，简易量热计并非绝热体系。因此，在测量温度变化时会存在量热计与环境的热量交换，即当冷水温度上升达到最高之前，体系与环境已发生了热量交换，这就使人们不能观测到最大的温度变化。此误差可以用外推作图法予以消除。根据实验所测得的温度、时间数据，以温度对时间作图，即作 T-t 曲线。在所得各点间作一最佳直线，按虚线外推到开始混合的时间($t = 0$)，求出体系上升的最高温度(如实验 4 中图 4-1 所示)，进而求出 ΔT。如果量热计的隔热性能好，在温度升高到最高点时，3min 内温度并不下降，那么可免去外推作图法。

本实验以过渡金属氧化物 MnO_2 为催化剂，用保温杯作为简易量热计，测定 H_2O_2 稀溶液催化分解反应的热效应 ΔH。测得 C_p、$C_{计}$ 及反应的温差 $\Delta T_{反应}$，即可计算出过氧化氢稀溶液的分解热 ΔH。应当指出，因过氧化氢分解时有氧气放出，所以本实验的反应热 ΔH，不仅包括体系内能的变化，还应包括体系对环境所做的膨胀功。但因膨胀功所占比例很小，所以在近似测量中，可忽略不计。

【仪器、 试剂与材料】

1. 仪器：温度计，保温杯，量筒，烧杯，秒表，研钵。
2. 试剂与材料：MnO_2(固体)，H_2O_2(0.3%)，泡沫塑料塞，吸水纸。

【实验步骤】

1. 测定量热计装置热容 C_p

　　如图 5-1 所示，装配好保温杯式简易量热计装置。保温杯盖可用隔热性能稍好的泡沫塑料或软木塞，杯盖上的小孔要比温度计直径稍大一些。为了不使温度计接触杯底，在温度计底端套一橡皮圈。用洁净量筒量取 50mL 蒸馏水，把它倒入干净的保温杯中，盖好塞子，用双手握住保温杯进行摇动(注意尽可能不使液体溅到塞子上)。几分钟后用精密温度计观测温度，若连续 3min 温度不变，则记下温度 T_1。

　　再量取 50mL 蒸馏水，倒入 100mL 烧杯中，把此烧杯置于温度高于室温 20℃ 的热水浴中放置 10~15min。用精密温度计准确读出热水温度 T_2(为了节省时间，在其他准备工作之前就把蒸馏水置于热水浴中，用 100℃ 温度计测量，热水的温度不要高于 50℃)，迅速将此热水倒入保温杯中，盖好塞子，以上述同样的方法摇动保温杯。在倒热水的同时，按动秒表，每隔 10s 记录一次温度。记录三次后，隔 20s 记录一次，直到体系温度不再变化或匀速下降为止。倒尽保温杯中的水，把保温杯洗净并用吸水纸擦干待用。

　　2. 测定过氧化氢稀溶液的分解热

　　取 100mL 已知准确浓度的过氧化氢溶液，把它倒入保温杯中。盖好盖子，缓缓摇动保温杯，用精密温度计观测温度 3min，当溶液温度不变时，记下温度 T_1'。迅速加入 0.5g 已研细过的二氧化锰粉末，盖好塞子后，立即摇动保温杯，以使二氧化锰粉末充分溶解在过氧化氢溶液中。在加入二氧化锰的同时，按动秒表，每隔 10s 记录一次温度。当温度升高到最高点时，记下此时的温度 T_2'，以后每隔 20s 记录一次温度。在 3min 内若温度保持不变，则 T_2' 即可视为该反应达到的最高温度，否则就需要用外推法求出反应的最高温度。

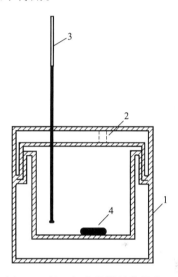

图 5-1　保温杯式简易量热计装置
1—有机玻璃保温杯；2—锌粉加料口；
3—温度计；4—搅拌口

　【实验结果与数据处理】

　　1. 用列表的形式记录以上实验测量的 $T\text{-}t$ 数据，并处理数据得到量热计装置热容。

　　2. 分别作出实验步骤 1 与 2 的 $T\text{-}t$ 图。

　　3. 依据两个 $T\text{-}t$ 图，分别用外推法求出两个 ΔT：$\Delta T_{水}$、$\Delta T_{反应}$。

　　4. 根据 $\Delta T_{水}$ 和式(5-7)计算 C_p。

　　5. 根据 $\Delta T_{反应}$ 和 $C_{计}$ 计算过氧化氢稀溶液分解反应的 ΔH。

　　过氧化氢稀溶液分解热的理论值为 $98\text{kJ}\cdot\text{mol}^{-1}$。要求测得实验值的相对误差控制在 $\pm 10\%$ 以内。

　【实验注意事项】

　　1. 配制约 0.3% 的过氧化氢溶液，在使用前应用 $KMnO_4$ 或碘量法测定其准确的物质的量浓度(单位为 $\text{mol}\cdot\text{L}^{-1}$)。另外，由于过氧化氢不稳定，因此其溶液标定后不应放置较久再使用。

　　2. 二氧化锰要在 110℃ 烘箱中烘 1~2h 后，尽量研细，并置于干燥器中待用。

　　3. 一般市售保温杯的容积为 250mL 左右，故过氧化氢的实际用量取 150mL 为宜。为了减小误差，应尽可能使用较大的保温杯(如 400mL 或 500mL 的保温杯)，取用较多量的过氧化氢做实验(注意此时二氧化锰的用量也相应按比例增加)。

4. 无论在量热计热容的测定中，还是在过氧化氢分解热的测定中，保温杯摇动的节奏要尽量始终保持一致。

5. 重复分解热实验时，一定要使用干净的保温杯。

【思考题】

1. 保温杯盖上的小孔为何要比温度计直径稍大些？这样对实验会产生什么影响？

2. 实验中使用二氧化锰的目的是什么？为何要使二氧化锰粉末悬浮在过氧化氢溶液中？

3. 在计算反应所放出的总热量时，是否要考虑加入的二氧化锰的热效应？

【e 网链接】

1. http：//wenku. baidu. com/view/07163778a26925c52cc5bfaa. html
2. http：//www. docin. com/p-12032493. html
3. http：//www. docin. com/p-4213765. html
4. http：//www. docin. com/p-492994872. html

实验 6　化学反应速率和活化能的测定

【实验目的与要求】

1. 测定$(NH_4)_2S_2O_8$ 与 KI 反应的化学反应速率，计算反应活化能、反应级数和速率常数；

2. 根据 Arrhenius 方程，学会使用作图法处理实验数据；

3. 加深理解浓度、温度及催化剂对化学反应速率的影响。

【实验原理】

$(NH_4)_2S_2O_8$ 和 KI 在水溶液中发生如下反应：

$$S_2O_8^{2-}(aq) + 3I^-(aq) == 2SO_4^{2-}(aq) + I_3^-(aq) \tag{6-1}$$

该反应的瞬时速率为：

$$v = kc^{\alpha}(S_2O_8^{2-})c^{\beta}(I^-) \tag{6-2}$$

实验能测定的速率是在一段时间(Δt)内反应的平均速率$\bar{v}$。如果在 Δt 时间内 $S_2O_8^{2-}$ 浓度的变化为 $\Delta c(S_2O_8^{2-})$，则该反应的平均反应速率为：

$$\bar{v} = -\Delta c(S_2O_8^{2-})/\Delta t \tag{6-3}$$

由于本实验中在 Δt 时间内反应物浓度的变化很小，所以可以近似地用平均速率代替起始速率，即：

$$\bar{v} = -\Delta c(S_2O_8^{2-})/\Delta t = kc^{\alpha}(S_2O_8^{2-})c^{\beta}(I^-) \tag{6-4}$$

式中，v 和$\bar{v}$ 分别为反应速率和平均反应速率；$\Delta c(S_2O_8^{2-})$ 为 Δt 时间内 $S_2O_8^{2-}$ 的浓度变化；$c(S_2O_8^{2-})$ 为 $S_2O_8^{2-}$ 的起始浓度；$c(I^-)$ 为 I^- 的起始浓度；k 为该反应的速率常数；α 和 β 分别为反应物 $S_2O_8^{2-}$ 和 I^- 的反应级数；$\alpha + \beta$ 为该反应的总反应级数。

1. 求反应速率

为了测出在一定时间内 $S_2O_8^{2-}$ 的浓度变化，在混合$(NH_4)_2S_2O_8$ 和 KI 溶液的同时，加入一定体积已知浓度的 $Na_2S_2O_3$ 溶液和淀粉溶液，还可以发生如下化学反应：

$$2S_2O_3^{2-}(aq)+I_3^-(aq)\Longrightarrow S_4O_6^{2-}(aq)+3I^-(aq) \tag{6-5}$$

由于式(6-5)的反应速率比式(6-1)的快得多，且式(6-1)生成的 I_3^- 会立即与 $S_2O_3^{2-}$ 反应生成无色的 $S_4O_6^{2-}$ 和 I^-。因此在反应开始的一段时间内，溶液无色，但 $Na_2S_2O_3$ 一旦耗尽，由式(6-1)反应生成的微量 I_3^- 就会立即与淀粉作用，使溶液呈蓝色。

由式(6-1)和式(6-5)的关系可以看出，每消耗 1mol $S_2O_8^{2-}$ 就要消耗 2mol 的 $S_2O_3^{2-}$，即：

$$\Delta c(S_2O_8^{2-})=\Delta c(S_2O_3^{2-})/2$$

由于在 Δt 时间内，$S_2O_3^{2-}$ 已全部耗尽，所以 $\Delta c(S_2O_3^{2-})$ 实际上就是反应开始时 $Na_2S_2O_3$ 的浓度，即：

$$-\Delta c(S_2O_3^{2-})=c(S_2O_3^{2-})$$

这里的 $c(S_2O_3^{2-})$ 为 $Na_2S_2O_3$ 的起始浓度。在本实验中，由于每份混合液中 $Na_2S_2O_3$ 的起始浓度都相同，因而 $\Delta c(S_2O_3^{2-})$ 也是相同的，这样，只要记下从反应开始到出现蓝色所需要的时间(Δt)，就可以算出一定温度下该反应的平均反应速率：

$$\bar v=-\frac{\Delta c(S_2O_8^{2-})}{\Delta t}=-\frac{\Delta c(S_2O_3^{2-})}{2\Delta t}=\frac{c(S_2O_3^{2-})}{2\Delta t} \tag{6-6}$$

即：

$$v=-\frac{\Delta c(S_2O_8^{2-})}{\Delta t}=-\frac{\Delta c(S_2O_3^{2-})}{2\Delta t}=\frac{c(S_2O_3^{2-})}{2\Delta t} \tag{6-7}$$

2. 求反应级数

按照初始速率法，可以通过控制一种反应物的浓度为定值，测定其反应速率，然后经过数学处理求出该反应的反应级数 α 和 β，进而求得反应的总级数 $\alpha+\beta$。

3. 求反应速率常数

在求出反应级数的前提下，可以通过式(6-8)求出反应速率常数 k：

$$k=\frac{v}{c^\alpha(S_2O_8^{2-})c^\beta(I^-)}=\frac{c(S_2O_3^{2-})}{2\Delta tc^\alpha(S_2O_8^{2-})c^\beta(I^-)} \tag{6-8}$$

4. 求活化能

由 Arrhenius 方程得：

$$\lg k=A-\frac{E_a}{2.303RT}$$

式中，E_a 为反应的活化能；R 为摩尔气体常数，$R=8.314J\cdot mol^{-1}\cdot K^{-1}$；$T$ 为热力学温度。

在不同的实验条件下，可以求出不同温度时的 k 值，以 $\lg k$ 对 $1/T$ 作图，可得一直线(见图6-1)，由直线的斜率 $\left(-\frac{E_a}{2.303R}\right)$ 可求得反应的活化能，即：

$$E_a=\frac{a}{b}\times 2.303R$$

【仪器、试剂与材料】

1. 仪器：水浴锅，烧杯(100mL，标上 1、2、3、4、5、6)，量筒[10mL，分别贴上

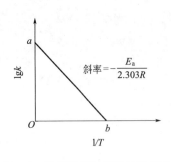

图 6-1 活化能与温度的关系曲线

$(NH_4)_2S_2O_8$（$0.2mol \cdot L^{-1}$）、KI（$0.2mol \cdot L^{-1}$）、KNO_3（$0.2mol \cdot L^{-1}$）、$(NH_4)_2SO_4$（$0.2mol \cdot L^{-1}$）]，量筒[5mL，分别贴上 $Na_2S_2O_3$（$0.05mol \cdot L^{-1}$）、淀粉溶液（0.2%）]，秒表，玻璃棒或电磁搅拌器。

2. 试剂与材料：$(NH_4)_2S_2O_8$（$0.2mol \cdot L^{-1}$），KI（$0.2mol \cdot L^{-1}$），$Na_2S_2O_3$（$0.05mol \cdot L^{-1}$），KNO_3（$0.2mol \cdot L^{-1}$），$(NH_4)_2SO_4$（$0.2mol \cdot L^{-1}$），淀粉溶液（0.2%），$Cu(NO_3)_2$（$0.02mol \cdot L^{-1}$）。

【实验步骤】

1. 浓度对反应速率的影响

在室温下，按表 6-1 所给各反应物的剂量，用量筒准确量取除 $0.2mol \cdot L^{-1}$ $(NH_4)_2S_2O_8$ 溶液以外的其他试剂，混合在各编号烧杯中，最后加入 $0.2mol \cdot L^{-1}$ $(NH_4)_2S_2O_8$ 溶液。在加入$(NH_4)_2S_2O_8$溶液时立即用秒表计时。反应过程中不断用玻璃棒搅拌，使溶液混合均匀（或把烧杯放在电磁搅拌器上搅拌）。在此过程中，要仔细观察实验现象，待溶液刚出现蓝色时停止计时，记下时间 Δt 和室温。

计算每次实验的反应速率 v，并填入表 6-1 中。

2. 温度对反应速率的影响

按表 6-1 中实验编号 1 的试剂用量分别在高于室温 10℃、20℃和 30℃的温度下进行实验。在实验过程中先将 $(NH_4)_2S_2O_8$ 溶液以外的其他试剂，按用量混合在各编号烧杯中，$(NH_4)_2S_2O_8$ 溶液放入另外一只空烧杯中，分别在已设定反应温度的水浴锅中加热 10min，当溶液的温度到达指定温度后，将 $0.2mol \cdot L^{-1}$ $(NH_4)_2S_2O_8$ 溶液迅速加入到混合溶液的烧杯（看清烧杯编号）中，此时立即计时，充分混合溶液。仔细观察实验现象，待溶液刚出现蓝色时停止计时，记下时间。实验结束后得到三个指定温度下的反应时间，进一步计算三个温度下的反应速率及速率常数，把数据和实验结果填入表 6-2 中。

3. 催化剂对反应速率的影响

在$(NH_4)_2S_2O_8$ 与 KI 的反应中，Cu^{2+} 可以加快该反应的速率，且 Cu^{2+} 的加入量不同，反应速率也有所区别。

在室温下，按表 6-1 中实验编号 1 的试剂用量，再分别加入 1 滴、5 滴、10 滴 $0.02mol \cdot L^{-1}$ $Cu(NO_3)_2$ 溶液，不足 10 滴的用 $0.2mol \cdot L^{-1}$ $(NH_4)_2SO_4$ 溶液补充（目的是使总体积和离子强度保持一致）。然后按照上述同样的实验操作步骤，记录反应时间，填入表 6-3 中[注意该过程中，同样是$(NH_4)_2S_2O_8$ 溶液最后加入到溶液中]。

将表 6-3 与表 6-1 中的反应速率进行比较，可以得出什么结论？

【实验结果与数据处理】

1. 用表 6-1 中实验编号 1、2、3 的数据，依据初始速率法求 α；用实验编号 1、4、5 的数据，求出 β，再求出 $\alpha + \beta$；由公式：

$$k = \frac{v}{c^{\alpha}(S_2O_8^{2-})c^{\beta}(I^-)} = \frac{c(S_2O_3^{2-})}{2\Delta t c^{\alpha}(S_2O_8^{2-})c^{\beta}(I^-)}$$

求出各实验的 k，并把计算结果填入表 6-1 中。

表 6-1 浓度对反应速率的影响   室温：

实验编号	1	2	3	4	5
$V[(NH_4)_2S_2O_8]/mL$	10	5	2.5	10	10
$V(KI)/mL$	10	10	10	5	2.5
$V(Na_2S_2O_3)/mL$	3	3	3	3	3
$V(KNO_3)/mL$				5	7.5
$V[(NH_4)_2SO_4]/mL$		5	7.5		
$V(淀粉溶液)/mL$	1	1	1	1	1
$c(S_2O_8^{2-})/mol \cdot L^{-1}$					
$c(I^-)/mol \cdot L^{-1}$					
$c(S_2O_3^{2-})/mol \cdot L^{-1}$					
$\Delta t/s$					
$\Delta c(S_2O_3^{2-})/mol \cdot L^{-1}$					
$v/mol \cdot L^{-1} \cdot s^{-1}$					
$k/(mol \cdot L^{-1})^{1-\alpha-\beta} \cdot s^{-1}$					
$c^{\alpha}(S_2O_8^{2-})$					
$c^{\beta}(I^-)$					

2. 根据表 6-2 中的实验数据，计算不同温度下的反应速率及速率常数，把数据和实验结果填入表 6-2 中。利用表 6-2 中各实验的 k 和 T，以 $\lg k$ 对 $1/T$ 作图，求出直线的斜率，进而求出反应(6-1)的活化能 E_a。

表 6-2 温度对反应速率的影响

实验编号	T/K	$\Delta t/s$	$v/mol \cdot L^{-1} \cdot s^{-1}$	$k/(mol \cdot L^{-1})^{1-\alpha-\beta} \cdot s^{-1}$	$\lg k$	$\frac{1}{T}/K^{-1}$
1						
6						
7						
8						

表 6-3 催化剂对反应速率的影响

实验编号	9	10	11
加入 $Cu(NO_3)_2$ 溶液($0.02mol \cdot L^{-1}$)的滴数	1	5	10
反应时间 $\Delta t/s$			
反应速率 $v/mol \cdot L^{-1} \cdot s^{-1}$			

3. 总结以上实验结果，说明浓度、温度、催化剂对反应速率的影响。

【实验注意事项】

1. 各试剂必须准备专用的烧杯、量筒和滴管，可以贴上标签加以区分。

2. 取用试剂时要注意操作的规范性，减少人为误差。

3. 秒表再次使用时要注意回零。

4. 在恒温操作过程中，$(NH_4)_2S_2O_8$ 溶液与其他混合液需要在同温度下混合，并最好能控制溶液从混合到变蓝的温度变化小于 1℃。

5. $(NH_4)_2S_2O_8$ 很容易失效，必须在使用前几个小时内配制。

【思考题】

1. 若用 I^-（或 I_3^-）的浓度变化来表示该反应的速率，v 和 k 是否和用 $S_2O_8^{2-}$ 的浓度变化表示的一样？

2. 实验中当蓝色出现后，反应是否立刻终止了？

3. 加入 $Na_2S_2O_3$ 的目的是什么？本实验中 $Na_2S_2O_3$ 的用量过多或者过少，对实验结果有什么影响？

4. 为什么向 KI、淀粉和 $Na_2S_2O_3$ 混合溶液中加入 $(NH_4)_2S_2O_8$ 溶液时，必须要迅速倒入？

5. 在实验步骤 1 中，为什么在实验编号 2、3 的实验中加入 $(NH_4)_2SO_4$ 溶液，而在实验编号 4、5 的实验中加入 KNO_3 溶液？

【e 网链接】

1. http：//www.cnki.com.cn/Article/CJFDTotal-FJXB200704034.htm

2. http：//www.doc88.com/p-07044300868.html

3. http：//ke.baidu.com/view/d6d56d3252ea551811a68702.html

4. http：//wenku.baidu.com/view/c1eeaec20c22590102029dea.html

实验 7 化学反应平衡常数的测定

【实验目的与要求】

1. 掌握测定平衡常数的方法；

2. 通过测定平衡常数，加深理解化学平衡和平衡移动原理；

3. 练习滴定操作。

【实验原理】

碘溶于碘化钾溶液形成 I_3^-，并存在如下平衡：

$$I_3^- \rightleftharpoons I^- + I_2 \tag{7-1}$$

在一定温度下，式(7-1)的平衡常数为：

$$K = \frac{a_{I_2} a_{I^-}}{a_{I_3^-}} = \frac{\gamma_{I_2} \gamma_{I^-}}{\gamma_{I_3^-}} \times \frac{[I_2][I^-]}{[I_3^-]} \tag{7-2}$$

式中，a 为活度；γ 为活度系数；$[I^-]$、$[I_2]$ 和 $[I_3^-]$ 为各物质的平衡浓度。

由于在离子强度较低的溶液中 $\gamma_{I^-} \gamma_{I_2}/\gamma_{I_3^-} \approx 1$，所以：

$$K = \frac{[I_2][I^-]}{[I_3^-]} \tag{7-3}$$

要测得该反应的平衡常数，需要测定平衡时的 $[I^-]$、$[I_2]$ 和 $[I_3^-]$，可用过量的碘与已知浓度的碘化钾溶液充分混合，待反应平衡后，定量量取上层清液并用标准的 $Na_2S_2O_3$ 溶液滴定，反应方程式如下：

$$2Na_2S_2O_3 + I_2 \Longrightarrow 2NaI + Na_2S_4O_6 \tag{7-4}$$

由于溶液中存在 $I_3^- \Longrightarrow I^- + I_2$ 的平衡，因此用硫代硫酸钠标准溶液滴定，最终测得的是 I_2 和 I_3^- 的总浓度 c，即

$$c = [I_2] + [I_3^-] \tag{7-5}$$

$[I_2]$ 的浓度可用相同温度下，测过量碘与水平衡时溶液中碘的浓度 c' 代替：

$$[I_2] = c' \tag{7-6}$$

$$[I_3^-] = c - [I_2] = c - c' \tag{7-7}$$

从式(7-1)可知形成一个 I_3^- 需一个 I^-，所以平衡：

$$[I^-] = c_0 - [I_3^-] \tag{7-8}$$

式中，c_0 为碘化钾的起始浓度。

将平衡时的 $[I^-]$、$[I_2]$ 和 $[I_3^-]$ 代入式(7-3)即可求得相应温度条件下的平衡常数。

【仪器、 试剂与材料】

1. 仪器：量筒(10mL、100mL)，移液管(10mL、25mL)，碱式滴定管(50mL)，碘量瓶(100mL、250mL)，锥形瓶(250mL)，洗耳球。

2. 试剂与材料：I_2(固体)，$Na_2S_2O_3$ 标准溶液($0.0050\ mol \cdot L^{-1}$)，KI 溶液($0.0100\ mol \cdot L^{-1}$、$0.0200\ mol \cdot L^{-1}$)，淀粉溶液(0.1%)。

【实验步骤】

为了便于实验操作，分别在 2 只干燥的 100mL 碘量瓶和一只 250mL 碘量瓶上标上 1、2、3 编号。用量筒取 60mL $0.0100\ mol \cdot L^{-1}$ KI 溶液加入 1 号碘量瓶，取 60mL $0.0200\ mol \cdot L^{-1}$ KI 溶液加入 2 号碘量瓶，取 180mL 蒸馏水加入 3 号碘量瓶，再分别加入 0.4g 研细的碘，盖好瓶塞(为什么)。

将上述实验中的 3 只碘量瓶置于磁力搅拌器上，搅拌 30min，然后静置使过量的固体碘完全沉降于瓶底。取上层清液进行滴定分析。

从 1 号碘量瓶上层清液中准确移取两份 10mL 清液，分别置于 250mL 锥形瓶中，然后各注入 40mL 蒸馏水摇匀。用 $0.0050\ mol \cdot L^{-1}$ $Na_2S_2O_3$ 标准溶液滴定至溶液呈淡黄色(注意 $Na_2S_2O_3$ 标准溶液不要滴过量)，再加入 2mL 0.1%淀粉溶液，此时溶液应呈蓝色。然后继续用 $Na_2S_2O_3$ 标准溶液滴定至蓝色刚好消失，记录消耗的 $Na_2S_2O_3$ 标准溶液的体积。平行滴定 2 次，将实验数据记录到表 7-1 中。

用同样的操作方法滴定 2 号碘量瓶上层的清液。

从 3 号碘量瓶移取两份 50mL 上层清液，用同样的操作方法进行滴定分析。

【实验结果与数据处理】

1 号和 2 号碘量瓶中碘浓度的计算公式：

$$c = \frac{c(Na_2S_2O_3)V(Na_2S_2O_3)}{2V_{KI\text{-}I_2}}$$

3 号碘量瓶中碘浓度的计算公式：

$$c' = \frac{c(Na_2S_2O_3)V(Na_2S_2O_3)}{2V_{H_2O\text{-}I_2}}$$

将计算结果填入表 7-1 中，利用公式 $K = \dfrac{[I_2][I^-]}{[I_3^-]}$ 即可得到平衡常数。

表 7-1　化学反应平衡常数测定实验数据

瓶号		1	2	3
取样体积 V/mL		10.00	10.00	50.00
$Na_2S_2O_3$ 溶液的浓度/mol·L^{-1}				
$Na_2S_2O_3$ 标准溶液的用量/mL	I			
	II			
	平均			
$[I_2]$ 和 $[I_3^-]$ 的总浓度 c/mol·L^{-1}				
水溶液中碘的平衡浓度 c'/mol·L^{-1}				
$[I_2]$/mol·L^{-1}				
$[I_3^-]$/mol·L^{-1}				
$[I^-]_0$/mol·L^{-1}				
$[I^-]$/mol·L^{-1}				
K				
K 的平均值				

【实验注意事项】

1. 由于碘易挥发，滴定时应一份一份地进行，滴定时注意操作的连贯性。

2. 使用磁力搅拌器搅拌时，要注意搅拌速度，要防止因搅拌速度过快而使溶液溅出导致溶液体积变化。

3. 碘量瓶用后一定要洗干净，放入烘箱，供下组学生使用。

4. 平衡常数是温度的函数。由于本实验在测定过程中未控制温度，因而测试数据有一定误差(本实验测定 K 值在 $1.0 \times 10^{-3} \sim 2.0 \times 10^{-3}$ 范围内)。

【思考题】

1. 在实验中以固体碘与水的平衡浓度代替固体碘与 I^- 平衡时的浓度，会引起怎样的误差？为何可代替？

2. 为何本实验中可以用量筒量取各溶液？

3. 请结合实验操作，总结本实验中导致数据误差的因素。通过本次实验，总结平衡常数的测定需要注意哪些因素。

【e 网链接】

1. http：//www. doc88. com/p-00585790618. html

2. http：//www. doc88. com/p-229229843841. html

3. http：//www. cnki. com. cn/Article/CJFDTotal-LSZJ200801020. htm

4. http：//jpkc. zhku. edu. cn/guetcc/cais/vol1/preview/16. html

实验8 醋酸解离常数和解离度的测定

【实验目的与要求】

1. 掌握 pH 法测定醋酸解离度和解离常数的原理;
2. 学习酸度计的使用方法;
3. 学习电导率法测定醋酸解离度和解离常数的原理和方法;
4. 进一步练习溶液的配制和滴定操作。

【实验原理】

醋酸(CH_3COOH 或 HAc)是一种弱电解质,在水溶液中存在下列解离平衡:

$$HAc \Longleftrightarrow H^+(aq) + Ac^-(aq)$$

起始浓度/mol·L^{-1} $\quad c \qquad\qquad 0 \qquad\qquad 0$

平衡浓度/mol·L^{-1} $\quad c-c\alpha \qquad c\alpha \qquad c\alpha$ $\hfill$ (8-1)

式中,c 为醋酸的起始浓度;α 为醋酸的解离度。

醋酸的解离常数 K_a 为:

$$K_a = \frac{c(H^+)c(Ac^-)}{c(HAc)} = \frac{c\alpha^2}{1-\alpha}$$ (8-2)

解离度为:

$$\alpha = \frac{c(H^+)}{c} \times 100\%$$ (8-3)

1. pH 法测定醋酸的解离度和解离常数

根据实验原理,确定醋酸的解离度和解离常数需要测定醋酸溶液的初始浓度和平衡时醋酸溶液中 H^+ 的浓度。

醋酸溶液的初始浓度可以用 NaOH 标准溶液滴定测定,平衡时醋酸溶液中 H^+ 的浓度可以在一定温度下用酸度计测醋酸溶液的 pH,根据 $pH = -\lg c(H^+)$ 和相应公式就可以求出醋酸的解离度和解离常数。

2. 电导率法测定醋酸的解离度和解离常数

物质的导电能力通常用电阻(R)或者电导(G)表示(电导为电阻的倒数)。电解质溶液是离子电导体,也符合欧姆定律。在一定温度时,电解质溶液的电阻与两极间的距离成正比,与电极面积成反比,则电解质溶液的电导 G 为:

$$G = \kappa \frac{G}{l}$$ (8-4)

式中,G 为电导,S(西门子);κ 为电导率,S·m^{-1},表示放在相距长度 l 为 1cm、截面积 A 为 $1cm^2$ 的两个电极间的电导。

为了便于比较不同溶质溶液的电导,常采用测定摩尔电导率 Λ_m 的方法。摩尔电导率表示把单位物质的量电解质置于相距 1m 的两平行电极之间的电导,其数值等于电导率 κ 乘以此溶液的全部体积。一定温度下,电解质溶液的电导与电解质的总量和解离度有关,而不论溶液如何稀释,溶液的摩尔电导率仅与电解质的解离度有关。

若溶液的浓度为 c(mol·L^{-1}),则含有 1mol 电解质的溶液体积 V_m(m^3·mol^{-1}) 为:

$$V_m = \frac{10^{-3}}{c}$$

溶液的摩尔电导率为：

$$\Lambda_m = \kappa V_m = 10^{-3}\frac{\kappa}{c} \tag{8-5}$$

式中，Λ_m 为摩尔电导率，$S \cdot m^2 \cdot mol^{-1}$。

在一定温度下，弱电解质溶液的浓度越小，其解离度 α 越大。当无限稀释时，弱电解质可视为完全解离，此时 $\alpha = 100\%$，此时溶液的摩尔电导率成为极限摩尔电导率 $\Lambda_{m,\infty}$。摩尔电导率 Λ_m 与无限稀释时的摩尔电导率 $\Lambda_{m,\infty}$ 之比即为该弱电解质的解离度：

$$\alpha = \frac{\Lambda_m}{\Lambda_{m,\infty}} \tag{8-6}$$

在不同温度下，醋酸的 $\Lambda_{m,\infty}$ 见表 8-1。

表 8-1　醋酸的极限摩尔电导率

温度/℃	0	10	20	30
$\Lambda_{m,\infty}/S \cdot m^2 \cdot mol^{-1}$	245	349	390.7	421.8

通过电导率仪测定一系列已知初始浓度的醋酸溶液的 κ 值，根据式(8-5)和式(8-6)可以求出相应的解离度。醋酸解离常数计算公式为：

$$K_a = \frac{c\Lambda_m^2}{\Lambda_{m,\infty}(\Lambda_{m,\infty} - \Lambda_m)} \tag{8-7}$$

【仪器、 试剂与材料】

1. 仪器：酸度计，电导率仪，移液管(25mL)，酸式滴定管(50mL)，碱式滴定管(50mL)，锥形瓶(250mL)，烧杯(100mL)，洗耳球，温度计。

2. 试剂与材料：HAc(0.05mol·L^{-1})，NaOH 标准溶液(0.05mol·L^{-1})，标准缓冲溶液(pH 分别为 6.86、4.00、9.18)，酚酞指示剂(0.2%乙醇溶液)。

【实验步骤】

1. pH 法

(1) 醋酸溶液浓度的测定

用移液管移取 25.00mL 待测醋酸溶液，置于 250mL 锥形瓶中，加入 2 滴酚酞指示剂，用 NaOH 标准溶液滴定至溶液呈红色并 0.5min 不褪色，记录所消耗的 NaOH 溶液的体积。平行测定三次，并把滴定的数据和计算结果填入表 8-2 中。

(2) 配制不同浓度的醋酸溶液

用酸式滴定管分别放出 40.00mL、20.00mL、10.00mL 和 5.00mL 上述已知浓度的醋酸溶液于四只干燥的 100mL 烧杯中，并依次编号为 1、2、3、4。然后使用碱式滴定管向四只烧杯中分别加 0mL、20.00mL、30.00mL 和 35.00mL 蒸馏水，并混合均匀。计算出稀释后醋酸溶液的精确浓度，记录在表 8-3 中。

(3) 测定醋酸溶液的 pH、α 和 K_a

分别取 20mL 上述四种不同浓度的醋酸溶液，按照由稀到浓的顺序，依次测定它们的 pH，并记录数据和室温，计算解离度和解离常数。

2. 电导率法

① 取 pH 法配制好的醋酸溶液,按照由稀到浓的顺序用电导率仪测量四只烧杯中醋酸溶液的电导率的值,记录在表 8-4 中。

② 记录室温及不同初始浓度醋酸溶液的电导率数值。根据表 8-1 的数值,得到室温下醋酸无限稀释时的摩尔电导率,根据式(8-6)和式(8-7)计算醋酸的解离度和解离常数。

【实验结果与数据处理】

表 8-2 醋酸溶液浓度的测定

滴定序号		1	2	3
NaOH 标准溶液的浓度/mol·L^{-1}				
HAc 溶液的体积/mL				
滴定消耗 NaOH 标准溶液的体积/mL				
HAc 溶液的浓度/mol·L^{-1}	测定值			
	平均值			

表 8-3 醋酸解离常数 K_a 的测定(pH 值法)

编号	c/mol·L^{-1}	pH	$c(H^+)$/mol·L^{-1}	$\alpha = c(H^+)/c$	$K_a = \dfrac{c\alpha^2}{1-\alpha}$	K_a 的平均值
1						
2						
3						
4						

表 8-4 醋酸解离常数 K_a 的测定(电导率法)

编号	c/mol·L^{-1}	$c(H^+)$/mol·L^{-1}	K	$\alpha = \dfrac{\Lambda_m}{\Lambda_{m,\infty}}$	K_a	K_a 的平均值
1						
2						
3						
4						

【实验注意事项】

1. 解离常数是温度的函数,在实验操作过程中要注意温度对解离常数的影响,尽量保持反应温度维持在某一温度。

2. 记录实验数据时,注意有效数字的保留。

【思考题】

1. 根据实验结果,讨论醋酸解离度和解离常数与其浓度的关系。如果改变温度,对醋酸的解离度和解离常数有何影响?

2. 配制不同浓度的醋酸溶液时要注意什么?

3. 在测定一系列同一种电解质溶液的 pH 时,测定的顺序对测量结果有无影响?

4. 简述本实验中两种测定醋酸解离度和解离常数方法的原理。

【e 网链接】
1. http：//www.doc88.com/p-980350077811.html
2. http：//wenku.baidu.com/view/5220b7c94afe04a1b071de97.html
3. http：//wenku.baidu.com/view/979daf7831b765ce05081488.html
4. http：//wenku.baidu.com/view/5e3f5fce08a1284ac85043f4.html
5. http：//hxsf.yctc.edu.cn/experiment/inorganic/sio06.htm

实验 9　分光光度法测定碘化铅的溶度积

【实验目的与要求】
1. 熟练掌握溶度积规则的原理和应用；
2. 掌握使用分光光度法测定 PbI_2 的溶度积的实验原理；
3. 进一步加强数据处理与分析能力。

【实验原理】
碘化铅在水溶液中存在着下述溶解平衡：

$$Pb^{2+} + 2I^- \rightleftharpoons PbI_2$$

$$
\begin{array}{lcc}
\text{起始浓度/mol·L}^{-1} & c & a \\[2mm]
\text{反应浓度/mol·L}^{-1} & \dfrac{a-b}{2} & a-b \\[3mm]
\text{平衡浓度/mol·L}^{-1} & c-\dfrac{a-b}{2} & b
\end{array}
\tag{9-1}
$$

式中，b 由分光光度计测得。

碘化铅的溶度积为：

$$K_{sp} = [Pb^{2+}][I^-]^2 = \left(c - \frac{a-b}{2}\right)b^2 \tag{9-2}$$

I^- 没有颜色，在本实验中使用亚硝酸钠将 I^- 氧化为单质碘，碘在水中呈紫红色，使用分光光度计，在 520nm 的波长下测定溶液的吸光度，根据 I^- 的标准曲线，推算出溶液中 I^- 的浓度。

$$2NO_2^- + 2I^- + 4H^+ \xrightarrow{\hspace{1cm}} I_2 + 2NO + 2H_2O \tag{9-3}$$

【仪器、试剂与材料】
1. 仪器：可见分光光度计，比色皿，烧杯(100mL)，移液管，漏斗。
2. 试剂与材料：KI(固体)，$NaNO_2$(固体)，HCl($6.0mol·L^{-1}$)，$Pb(NO_3)_2$($0.015mol·L^{-1}$)，滤纸。

【实验步骤】
1. 配制 KI 溶液

分别配制 100mL 浓度为 $0.0350mol·L^{-1}$ 和 $0.0035mol·L^{-1}$ 的 KI 溶液。（各需要称取多少 KI? 需要使用什么容器?)

2. 配制 $NaNO_2$ 溶液

分别配制 100mL 浓度为 $0.0200mol \cdot L^{-1}$ 和 $0.0100mol \cdot L^{-1}$ 的 $NaNO_2$ 溶液。

3. 制备 PbI_2 饱和溶液

取 3 支干净、干燥的大试管，用移液管分别移取 5.00mL $0.015mol \cdot L^{-1}$ $Pb(NO_3)_2$ 溶液于三支试管中，然后依次加入 $0.0035mol \cdot L^{-1}$ KI 溶液 3.00mL、4.00mL、5.00mL，最后加入去离子水定容，每支试管中溶液的总体积为 10.00mL。用橡皮塞塞紧试管口，摇动 20min（注意使用规范操作），再静置 3～5min。

在装有干燥滤纸的干燥漏斗中，过滤制得的含有 PbI_2 固体的饱和溶液，同时用干燥的试管接取滤液，弃去沉淀，保留滤液供下面的实验使用。

4. 标准曲线法测定 I^- 浓度

取 5 支小试管，依次加入 1.00mL、1.50mL、2.00mL、2.50mL、3.00mL $0.0035mol \cdot L^{-1}$ KI 溶液，再分别加入 2.00mL $0.0200mol \cdot L^{-1}$ $NaNO_2$ 溶液，1 滴 $6.0mol \cdot L^{-1}$ HCl 溶液和 3.00mL 去离子水。摇匀后，将混合溶液置于比色皿中，在 520nm 波长下测定吸光度，并将测得的数值填入表 9-1。以测得的吸光度数据为纵坐标、I^- 浓度为横坐标，绘制出 I^- 浓度的标准曲线。

5. 测量饱和碘化铅溶液的溶度积

（1）测量饱和碘化铅溶液中 I^- 的吸光度

取三支试管，并分别标记 1、2、3 编号，各加入 2mL PbI_2 饱和溶液，再分别加入 4mL $0.0100mol \cdot L^{-1}$ $NaNO_2$ 溶液、1 滴 $6.0mol \cdot L^{-1}$ HCl 溶液，将上述溶液混合均匀后，分别倒入比色皿中，在 520nm 波长下测定溶液的吸光度。根据 I^- 浓度的标准曲线推算 I^- 的浓度。

（2）计算上述步骤中三支试管中 Pb^{2+} 的初始浓度和平衡浓度，记录在表 9-2 中，根据数据计算碘化铅的浓度积常数。

【实验结果与数据处理】

表 9-1　I^- 浓度的标准曲线

项目	1	2	3	4	5
$V(0.0035mol \cdot L^{-1}KI)/mL$	1.00	1.50	2.00	2.50	3.00
$V(0.0200mol \cdot L^{-1}NaNO_2)/mL$	2.00	2.00	2.00	2.00	2.00
$V(6.0mol \cdot L^{-1}HCl)/滴$	1	1	1	1	1
$V(去离子水)/mL$	3.00	3.00	3.00	3.00	3.00
溶液中 I^- 的浓度/$mol \cdot L^{-1}$					
吸光度					

表 9-2　碘化铅溶度积的测定

项目	1	2	3
$V[0.015mol \cdot L^{-1}Pb(NO_3)_2]/mL$	5.00	5.00	5.00
$V[0.035mol \cdot L^{-1}KI]/mL$	3.00	4.00	5.00
$V(去离子水)/mL$	2.00	1.00	0.00
溶液的总体积/mL	10.00	10.00	10.00

续表

项目	1	2	3
I^- 的初始浓度 $a/mol \cdot L^{-1}$			
稀释后溶液的吸光度 A			
由标准曲线查得的 I^- 浓度 $/mol \cdot L^{-1}$			
推算 I^- 的平衡浓度 $b/mol \cdot L^{-1}$			
Pb^{2+} 的初始浓度 $c/mol \cdot L^{-1}$			
Pb^{2+} 的平衡浓度 $/mol \cdot L^{-1}$			
K_{sp}			

【实验注意事项】

1. 碘化铅的溶度积受温度的影响较大，实验中应注意控制实验温度，以免造成较大的实验误差。

2. 实验过程中使用亚硝酸钠氧化 I^- 得到的单质碘的浓度应小于室温下碘的溶解度，否则会导致所测浓度小于实际浓度。

3. 在加入亚硝酸钠将碘离子氧化为单质碘时，应迅速将混合溶液摇匀，并转入到比色皿中。

4. 在测量不同浓度溶液的吸光度时，要注意清洗和润洗比色皿。

【思考题】

1. 为什么亚硝酸钠氧化得到的单质碘的浓度应小于室温下碘的溶解度，否则会导致所测浓度小于实际浓度？

2. 溶度积受哪些因素的影响？

3. 你认为本实验中导致实验误差的因素有哪些？

【e 网链接】

1. http：//www. doc88. com/p-803808566254. html

2. http：//www. cqvip. com/Main/Detail. aspx? id=36597322

3. http：//wenku. baidu. com/view/a462855a3b3567ec102d8a2b. html

4. http：//wenku. baidu. com/view/fa20a90cbed5b9f3f90f1c43. html

实验 10　电导率法测定硫酸钡的溶度积

【实验目的与要求】

1. 练习沉淀的生成、陈化、离心分离、洗涤等基本操作；

2. 掌握电导率法测定难溶盐溶解度的原理和方法；

3. 加深对溶液电导概念的理解及电导测定应用的了解；

4. 学习电导率仪的使用方法。

【实验原理】

难溶盐如 $BaSO_4$、$PbSO_4$、$AgCl$ 等在水中溶解度很小，用一般的分析方法很难精确测定其溶解度。但难溶盐在水中微量溶解的部分是完全电离的，因此，常通过测定其饱和溶液电导率来计算其溶解度，进而计算出溶度积。

难溶盐的溶解度很小，其饱和溶液可近似看成无限稀溶液，离子间的影响可忽略不计，此时饱和溶液的摩尔电导率 Λ_m 与难溶盐的无限稀释溶液中的摩尔电导率 $\Lambda_{m,\infty}$ 的数值近似相等，即：

$$\Lambda_m \approx \Lambda_{m,\infty}$$

$\Lambda_{m,\infty}$ 可根据科尔劳施（Kohlrausch）离子独立运动定律，由离子无限稀释摩尔电导率相加而得。离子的极限摩尔电导率可从有关物理化学手册上查到，就 $BaSO_4$ 而言：

$$\Lambda_{m,\infty}(Ba^{2+}) = 127.8 \times 10^{-4}\,S\cdot m^2\cdot moL^{-1}$$

$$\Lambda_{m,\infty}(SO_4^{2-}) = 160 \times 10^{-4}\,S\cdot m^2\cdot moL^{-1}$$

$$K_{sp}(BaSO_4) = c(Ba^{2+})c(SO_4^{2-}) = c^2(BaSO_4)$$

在一定温度下，电解质溶液的浓度 c、摩尔电导率 Λ_m 与电导率 κ 的关系为：

$$\Lambda_m = \frac{\kappa}{c} \tag{10-1}$$

当电解质溶液的浓度单位为 $mol\cdot L^{-1}$ 时：

$$\Lambda_m = 10^{-3}\frac{\kappa}{c} \tag{10-2}$$

则有：

$$c(BaSO_4) = 10^{-3}\kappa(BaSO_4)/\Lambda_{m,\infty}(BaSO_4) \tag{10-3}$$

必须指出，难溶盐在水中的溶解度极小，其饱和溶液的电导率 $\kappa_{溶液}$ 实际上是盐的正、负离子和溶剂（H_2O）解离的正、负离子（H^+ 和 OH^-）的电导率之和，在无限稀释条件下有：

$$\kappa_{溶液} = \kappa_{盐} + \kappa_{水} \tag{10-4}$$

因此，测定 $\kappa_{溶液}$ 后，还必须同时测出配制溶液所用水的电导率 $\kappa_{水}$，才能求得 $\kappa_{盐}$。测得 $\kappa_{盐}$ 后，由式(10-5)计算实验温度下难溶盐的溶度积：

$$K_{sp}(BaSO_4) = \left[\frac{10^{-3}(\kappa_{BaSO_4溶液} - \kappa_{水})}{\Lambda_{m,\infty}(BaSO_4)}\right]^2 \tag{10-5}$$

【仪器、试剂与材料】

1. 仪器：超级恒温槽，DDS-11A 型电导率仪，带盖锥形瓶，离心机。
2. 试剂与材料：H_2SO_4（0.05mol·L⁻¹），$BaCl_2$（0.05mol·L⁻¹），$AgNO_3$（0.01mol·L⁻¹）。

【实验步骤】

1. 调节恒温槽

调节恒温槽温度在(25±0.5)℃范围内。

2. 制备 $BaSO_4$ 沉淀

在一只小烧杯中加入 30mL 0.05mol·L⁻¹ $BaCl_2$，另外一只烧杯中加入 30mL 0.05mol·L⁻¹ H_2SO_4，加热 H_2SO_4 溶液近沸，边搅拌边滴加到 $BaCl_2$ 溶液中，加入完毕后盖上表面皿。加热煮沸 5min，小火保温 10min（此过程中边加热边搅拌），然后取下静置、陈化。倾去上层清液，离心分离，并用同温度的蒸馏水洗涤沉淀。

3. 制备 $BaSO_4$ 饱和溶液

在干净带盖的锥形瓶中加入少量自制的 $BaSO_4$，用蒸馏水洗至少3次，每次洗涤需剧烈振荡，待溶液澄清后，倾去溶液再加电导水洗涤。用蒸馏水洗涤 $BaSO_4$ 3次以上是为了除去可溶性杂质，向洗涤液中滴加 $0.01mol \cdot L^{-1}$ $AgNO_3$ 溶液，检验氯离子是否已经洗涤干净（如何判断?）。在洗涤干净的 $BaSO_4$ 沉淀中加蒸馏水，使之形成饱和溶液，并在25℃恒温槽内静置，使溶液尽量澄清（该过程时间长，可在实验开始前进行），取上部澄清溶液进行电导率的测定。

4. 测定蒸馏水的电导率 $\kappa_{水}$

电导率仪电极用蒸馏水洗涤3次；在锥形瓶中装入蒸馏水，放入25℃恒温槽恒温后测定水的电导率，平行测定3次。

5. 测定25℃饱和 $BaSO_4$ 溶液的电导率 $\kappa_{BaSO_4溶液}$

将测定过水电导率的电导率仪电极和锥形瓶用少量 $BaSO_4$ 饱和溶液洗涤3次，再将澄清的 $BaSO_4$ 饱和溶液装入锥形瓶，插入电导电极，测定饱和 $BaSO_4$ 溶液的电导率 $\kappa_{BaSO_4溶液}$。平行测定3次。

6. 实验完毕

洗净锥形瓶、电极，在瓶中装入蒸馏水，将电极浸入水中保存，关闭恒温槽及电导率仪电源开关。

【实验结果与数据处理】

1. 将实验数据记录在表10-1中。

表 10-1　电导率法测定硫酸钡溶度积实验数据　　室温：　　实验温度：

项目	1	2	3	平均值
水的电导率 $\kappa_{水}/S \cdot m^{-1}$				
饱和溶液电导率 $\kappa_{BaSO_4溶液}/S \cdot m^{-1}$				

2. 数据处理

① 计算饱和硫酸钡溶液的电导率：$\kappa(BaSO_4) = \kappa_{BaSO_4溶液} - \kappa_{水}$。

② 计算摩尔电导率：$\Lambda_{m,\infty}(BaSO_4) = \Lambda_{m,\infty}(Ba^{2+}) + \Lambda_{m,\infty}(SO_4^{2-})$。

③ 计算溶度积：$K_{sp}(BaSO_4) = \left[\dfrac{10^{-3}(\kappa_{BaSO_4溶液} - \kappa_{水})}{\Lambda_{m,\infty}(BaSO_4)} \right]^2$。

【实验注意事项】

1. 测定电导率时要注意保持恒定的实验温度。
2. 制备硫酸钡饱和溶液所用的沉淀，要尽可能洗净可溶性物质。

【思考题】

1. 电导率、摩尔电导率与电解质溶液的浓度有何关系?
2. 请写出离子独立运动定律的关系式。
3. H^+ 和 OH^- 的无限稀释摩尔电导率为什么比其他离子的无限稀释离子摩尔电导率大很多?
4. 为什么 $\Lambda_m(BaSO_4) \approx \Lambda_{m,\infty}(BaSO_4)$?

5. 制备 $BaSO_4$ 时，为什么要洗至无 Cl^-？

【e 网链接】

1. http：//www. doc88. com/p-3949989829898. html
2. http：//www. doc88. com/p-780447297356. html
3. http：//www. cqvip. com/Main/Detail. aspx？ id＝36597322
4. http：//wenku. baidu. com/view/c960108f6529647d27285274. html

实验 11　银氨配离子配位数的测定

【实验目的与要求】

1. 进一步练习滴定操作；
2. 练习用作图法处理实验数据；
3. 掌握应用配位平衡和沉淀平衡等知识测定银氨配离子配位数的方法。

【实验原理】

在 $AgNO_3$ 溶液中加入过量氨水，会生成稳定的 $[Ag(NH_3)_n]^+$。再往溶液中加入 KBr 溶液，$[Ag(NH_3)_n]^+$ 会逐渐转变成 AgBr，至刚刚出现 AgBr 沉淀(浑浊)为止，这时混合溶液中同时存在着以下的配位平衡和沉淀平衡：

$$Ag^+ + nNH_3 \rightleftharpoons [Ag(NH_3)_n]^+ \quad K_f = \frac{[Ag(NH_3)_n^+]}{[Ag^+][NH_3]^n}$$

$$AgBr \rightleftharpoons Ag^+ + Br^- \quad K_{sp} = [Ag^+][Br^-]$$

沉淀平衡与配位平衡相加可得：

$$AgBr + nNH_3 \rightleftharpoons Br^- + [Ag(NH_3)_n]^+$$

其平衡常数为：

$$K = K_f K_{sp} = \frac{[Ag(NH_3)_n^+][Br^-]}{[NH_3]^n}$$

$$[Br^-] = \frac{K[NH_3]^n}{[Ag(NH_3)_n^+]}$$

$$[Br^-] = [Br^-]_0 \frac{V_{Br^-}}{V_t}$$

$$[Ag(NH_3)_n^+] = [Ag^+]_0 \frac{V_{Ag^+}}{V_t}$$

$$[NH_3] = [NH_3]_0 \frac{V_{NH_3}}{V_t}$$

式中，V_t 为混合溶液的总体积。

将各物质的浓度表达式带入平衡常数表达式中可得：

$$V_{Br^-} = \frac{K V_{NH_3}^n \left(\frac{[NH_3]_0}{V_t}\right)^n}{\frac{[Ag^+]_0 V_{Ag^+}}{V_t} \times \frac{[Br^-]_0}{V_t}}$$

化简得：

$$V_{Br^-} = K' V_{NH_3}^n$$

两边取对数得：

$$\lg V_{Br^-} = n \lg V_{NH_3} + \lg K'$$

根据此关系式，作出 $\lg V_{Br^-}$-$\lg V_{NH_3}$ 的图形为一条直线，斜率为 n，n 即为银氨配离子中的配位数。

【仪器、试剂与材料】

1. 仪器：锥形瓶（250mL），酸式滴定管，碱式滴定管，移液管（20mL），量筒（100mL）。

2. 试剂与材料：KBr 溶液（$0.010 mol \cdot L^{-1}$），$AgNO_3$ 溶液（$0.010 mol \cdot L^{-1}$），氨水（$2.00 mol \cdot L^{-1}$）。

【实验步骤】

用移液管准确移取 20.00mL $0.010 mol \cdot L^{-1} AgNO_3$ 溶液至 250mL 锥形瓶中，再用碱式滴定管加入 40mL $2.00 mol \cdot L^{-1}$ 氨水，用量筒量取 40mL 蒸馏水，混合均匀。在不断振荡下，从酸式滴定管中逐滴加入 $0.010 mol \cdot L^{-1}$ KBr 溶液，直到刚产生的 AgBr 浑浊不再消失为止。记下所用 KBr 溶液的体积 V_{Br^-}，并计算出溶液的体积 V_t。

再用 35.00mL、30.00mL、25.00mL、20.00mL、15.00mL 和 10.00mL $2.00 mol \cdot L^{-1}$ 氨水溶液重复上述操作。在重复操作中，当接近终点时应加入适量蒸馏水，使总体积与第一次实验相同，记下滴定终点时所用去的 KBr 溶液的体积 V_{Br^-}。

【实验结果与数据处理】

将实验数据填写在表 11-1 中。

表 11-1　银氨配离子配位数测定实验数据

编号	V_{Ag^+}/mL	V_{NH_3}/mL	V_{Br^-}/mL	V_{H_2O}/mL	V_t/mL	$\lg V_{NH_3}$	$\lg V_{Br^-}$
1	20.00	40.00		40.0			
2	20.00	35.00		45.0			
3	20.00	30.00		50.0			
4	20.00	25.00		55.0			
5	20.00	20.00		60.0			
6	20.00	15.00		65.0			
7	20.00	10.00		70.0			

以 $\lg V_{Br^-}$ 为纵坐标、$\lg V_{NH_3}$ 为横坐标作直线，直线的截距为 $\lg K'$，斜率为 n，即为配位数。

【实验注意事项】

1. 配制每一份混合溶液时，为防止氨水挥发，要最后加入氨水。

2. 反应一定要达到平衡(振荡后沉淀不消失)后观察终点，且每次浑浊度要尽量一致。

3. 实验完成后将取硝酸银溶液的移液管、锥形瓶用剩下的氨水荡洗。

【思考题】

1. 在计算平衡浓度$[Br^-]$、$[Ag(NH_3)_n]^+$和$[NH_3]$时，为何不考虑生成 AgBr 沉淀时消耗的 Br^- 和 Ag^+，以及配离子解离出来的 Ag^+ 和生成配离子时消耗掉的 NH_3 分子等的浓度？

2. 在其他实验条件完全相同的情况下，能否用相同浓度的 KCl 或 KI 溶液进行本实验？为什么？

3. 若 AgBr 的 $K_{sp}=4.1\times10^{-13}$(291K)，由本实验数据如何求出$[Ag(NH_3)_n]^+$的稳定常数？

4. 分析误差产生的原因。

【e 网链接】

1. http：//book. ln. chaoxing. com/ebook/detail. jhtml? id＝10112218&page＝68

2. http：//www. doc88. com/p-751220814903. html

3. http：//wenku. baidu. com/view/ecb761d026fff705cc170a93. html

4. http：//wenku. baidu. com/view/25fde21355270722192ef7f8. html

实验 12　磺基水杨酸合铁(Ⅲ)配合物的组成及其稳定常数的测定

【实验目的与要求】

1. 掌握用分光光度法测定配合物的组成和配离子稳定常数的原理和方法；

2. 进一步分光学习分光光度计的使用；

3. 学习用图解法处理实验数据；

4. 进一步练习移液管、容量瓶的使用。

【实验原理】

磺基水杨酸(![HOOC-苯环-OH-SO₃H 结构式] ，简式为 H_3R)的一级电离常数 $K_1^\ominus=3\times10^{-3}$，它与 Fe^{3+} 可以形成多种不同的稳定的配合物，配合物的组成与溶液的 pH 值有关。磺基水杨酸溶液是无色的，Fe^{3+} 的浓度很稀时也可以认为是无色的，它们在 pH 值为 2~3 时，生成紫红色的螯合物(有 1 个配体)，反应可表示如下：

$$[Fe(H_2O)_6]^{3+} + \text{（磺基水杨酸结构式）} \rightleftharpoons \text{（配合物结构式）}^+ + 2H^+ + 2H_2O$$

pH 值为 4~9 时，生成红色螯合物(有 2 个配体)；pH 值为 9~11.5 时，生成黄色螯合物(有 3 个配体)；pH 值＞12 时，有色螯合物被破坏而生成 $Fe(OH)_3$ 沉淀。

测定配合物的组成常用分光光度法，其前提条件是溶液中的中心离子和配体都为无色，只有它们所形成的配合物有色。本实验中，磺基水杨酸是无色的，Fe^{3+} 溶液的浓度很小，也可以认为是无色的，只有磺基水杨酸合铁（Ⅲ）配离子是有色的，测定的前提条件是基本满足的。本实验是在 pH 值为 2～3 的条件下，用分光光度法测定上述配合物的组成和稳定常数，实验中用高氯酸（$HClO_4$）来控制溶液的 pH 值和作空白溶液（其优点主要是 ClO_4^- 不易与金属离子配合）。由朗伯-比尔定律可知，所测溶液的吸光度在液层厚度一定时，只与配离子的浓度成正比。通过测定溶液的吸光度，可以求出该配离子的组成。

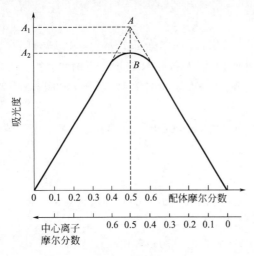

图 12-1　等摩尔系列法

1. 配合物组成的测定

本实验采用等摩尔系列法通过分光光度计测定配位化合物的组成。等摩尔系列法：用一定波长的单色光，测定一系列变化组分溶液的吸光度（中心离子 M 和配体 R 的总物质的量保持不变，而 M 和 R 的摩尔分数连续变化）。显然，在这一系列的溶液中，有一些溶液中金属离子是过量的，而另一些溶液中配体是过量的，在这两部分溶液中，配离子的浓度都不可能达到最大值；只有当溶液离子与配体的物质的量之比与配离子的组成一致时，配离子的浓度才能最大。由于中心离子和配体基本无色，只有配离子有色，所以配离子的浓度越大，溶液颜色越深，其吸光度也就越大。若以吸光度对配体的摩尔分数作图，则从图上最大吸收峰处可以求得配合物的组成 n 值，如图 12-1 所示，根据最大吸收峰可知配体的摩尔分数。

$$配体摩尔分数 = \frac{配体物质的量}{总物质的量} = 0.5$$

$$中心离子摩尔分数 = \frac{中心离子物质的量}{总物质的量} = 0.5$$

$$n = \frac{配体摩尔分数}{中心离子摩尔分数} = 1$$

由此可知该配合物的组成（MR）。

2. 配合物稳定常数的测定

最大吸光度 A 点可认为是 M 和 R 全部形成配合物时的吸光度，其值为 A_1。由于配离子有一部分解离，其浓度稍小些，所以实验测得的最大吸光度在 B 点，其值为 A_2，因此配离子的解离度 α 可表示为：

$$\alpha = (A_1 - A_2)/A_1$$

再根据 1∶1 组成配合物的关系式即可导出稳定常数 $K_稳$。

$$M + R \rightleftharpoons MR$$

平衡浓度　　　$c\alpha$　　$c\alpha$　　$c - c\alpha$

$$K_稳 = \frac{c - c\alpha}{(c\alpha)^2} = \frac{1-\alpha}{c\alpha^2}$$

式中，c 为相应于 A 点的金属离子浓度（这里的 $K_稳$ 是没有考虑溶液中 Fe^{3+} 的水解平衡和磺基水杨酸电离平衡的表观稳定常数)。

【仪器、试剂与材料】

1. 仪器:可见分光光度计,烧杯,容量瓶(100mL),移液管(10mL),洗耳球。

2. 试剂与材料:$(NH_4)Fe(SO_4)_2$ [$0.0100mol \cdot L^{-1}$,将 $4.8220g$ 分析纯 $(NH_4)Fe(SO_4)_2 \cdot 12H_2O$(相对分子质量为 482.2)晶体溶于 $0.01mol \cdot L^{-1}$ $HClO_4$ 溶液中配制成 $1000mL$],$HClO_4$($0.01mol \cdot L^{-1}$),磺基水杨酸($0.0100mol \cdot L^{-1}$),滤纸,擦镜纸。

【实验步骤】

1. 溶液的配制

(1) 配制 $0.0010mol \cdot L^{-1} Fe^{3+}$ 溶液

用移液管吸取 $10.00mL(NH_4)Fe(SO_4)_2$($0.0100mol \cdot L^{-1}$)溶液,注入 $100mL$ 容量瓶中,用 $HClO_4$($0.01mol \cdot L^{-1}$)溶液稀释至刻度,摇匀,备用。

(2) 配制 $0.0010mol \cdot L^{-1}$ 磺基水杨酸溶液

用移液管量取 $10.00mL$ 磺基水杨酸($0.0100mol \cdot L^{-1}$)溶液,注入 $100mL$ 容量瓶中,用 $HClO_4$($0.01mol \cdot L^{-1}$)溶液稀释至刻度,摇匀、备用。

(3) 配制系列浓度的溶液

用移液管按表 12-1 的体积取各溶液,分别注入已编号的干燥烧杯中,搅拌均匀。

2. 系列配离子(或配合物)溶液吸光度的测定

① 接通分光光度计的电源,预热并调整好仪器,选定波长为 $500nm$。

② 取 4 只厚度为 $1cm$ 的比色皿,往其中一只加入 $HClO_4$($0.01mol \cdot L^{-1}$)溶液作为空白溶液,放在比色皿中的第一格内,其余 3 只分别按顺序加入编号 $1 \sim 11$ 的待测溶液,分别测定各待测溶液的吸光度,并记录数据。

【实验结果与数据处理】

1. 将实验数据和计算结果填入表 12-1 中。

表 12-1 磺基水杨酸合铁(Ⅲ)配合物的组成及其稳定常数的测定实验数据和计算结果

编号	$V(HClO_4)$ /mL	$V(Fe^{3+})$ /mL	V(磺基水杨酸) /mL	磺基水杨酸 摩尔分数	吸光度
1	10.00	10.00	0.00		
2	10.00	9.00	1.00		
3	10.00	8.00	2.00		
4	10.00	7.00	3.00		
5	10.00	6.00	4.00		
6	10.00	5.00	5.00		
7	10.00	4.00	6.00		
8	10.00	3.00	7.00		
9	10.00	2.00	8.00		
10	10.00	1.00	9.00		
11	10.00	0	10.00		

2. 根据表 12-1 中的数据,作吸光度 A 对磺基水杨酸摩尔分数的关系图。将两侧的直线部分延长,交于一点,由交点确定配位数 n,计算配合物的稳定常数。

【实验注意事项】

1. 测定吸光度时，注意比色皿要用被测溶液荡洗 2~3 次，以避免被测液体浓度发生变化。

2. 注意测量时溶液的 pH 值。

3. 每台仪器所配套的比色皿，不能与其他仪器上的比色皿单个调换。

4. 取放比色皿时，只能用手拿毛玻璃面；擦拭比色皿外壁溶液时，只能用镜头纸。

【思考题】

1. 本实验测定配合物的组成及稳定常数的原理是什么？

2. 用等摩尔系列法测定配合物组成时，为什么说溶液中金属离子的物质的量与配位体的物质的量之比正好与配离子组成相同时，配离子的浓度为最大？

3. 在测定吸光度时，如果温度变化较大，对测得的稳定常数有何影响？

4. 本实验为什么用 $HClO_4$ 溶液作空白溶液？

5. 使用分光光度计时要注意哪些操作？

【e网链接】

1. http：//wenku. baidu. com/view/1c2111e09b89680203d825ba. html

2. http：//wenku. baidu. com/view/105ab31e6edb6f1aff001f71. html

3. http：//www. docin. com/p-684830194. html

4. http：//wenku. baidu. com/view/edf0db6e58fafab069dc02eb. html

实验13　分光光度法测定 $[Ti(H_2O)_6]^{3+}$ 的分裂能

【实验目的与要求】

1. 学习用分光光度计测定配合物分裂能的方法；
2. 练习分光光度计的使用。

【实验原理】

根据晶体场理论，过渡金属离子形成配合物之后，由于配体的影响，中心离子五个简并的 d 轨道会发生能级分裂。在八面体场中，原来能量相等的 d 轨道分裂为两组：能量较高的一组是 $d_{x^2-y^2}$ 和 d_{z^2} 轨道，称为 e_g 轨道，其能量用 $E(e_g)$ 表示；能量较低的一组是 d_{xy}、d_{yz} 和 d_{xz} 轨道，称为 t_{2g} 轨道，其能量用 $E(t_{2g})$ 表示（见图 13-1）。在正八面体场中，e_g 轨道和 t_{2g} 轨道之间的能量差称为晶体场的分裂能，用符号 Δ_o 表示，即：

$$\Delta_o = E(e_g) - E(t_{2g})$$

如果配合物中心离子的 d 轨道没有充满电子，处于能级较低的 t_{2g} 轨道上的电子吸收一定波长的光之后，会跃迁到能级较高的 e_g 轨道，这种跃迁称为 d-d 跃迁。过渡金属离子在水溶液中通常会形成水合离子，这种离子能够吸收一定波长的可见光而发生 d-d 跃迁，因此过渡金属离子的溶液通常呈现一定的颜色。

$[Ti(H_2O)_6]^{3+}$ 的中心离子 Ti^{3+} 的 d 轨道中只有一个电子。基态时，此电子处于能量较低的 t_{2g} 轨道上，吸收一定波长的光之后，电子跃迁到能量较高的 e_g 轨道上。此电子发生 d-

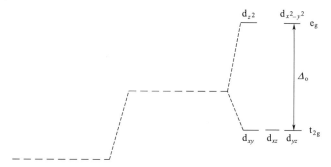

(a) 自由离子d轨道的能级　(b) 球形对称负电场中　(c) 八面体负电场中
　　　　　　　　　　　　离子d轨道的能级　　　离子d轨道的能级

图 13-1　离子 d 轨道的能级

d 跃迁所吸收的能量就等于 Δ_o。因此，Δ_o 可根据被吸收光的波长计算：

$$E_{光} = E(e_g) - E(t_{2g}) = \Delta_o \tag{13-1}$$

$$E_{光} = h\nu = \frac{hc}{\lambda} \tag{13-2}$$

由式(13-1)和式(13-2)可得：

$$\Delta_o = h\nu = \frac{hc}{\lambda} \tag{13-3}$$

式中，$E_{光}$ 为可见光的光能；h 为普朗克常数，其值为 $6.626 \times 10^{-34} J \cdot s$；$\nu$ 为光的频率；c 为真空中的光速，其值为 $2.9979 \times 10^{10} cm \cdot s^{-1}$；$\lambda$ 为波长。

当 t_{2g} 轨道上的一个电子跃迁时，则有：

$$\Delta_o = h\nu = \frac{hc}{\lambda}$$

$$= 6.626 \times 10^{-34} J \cdot s \times 2.9979 \times 10^{10} cm \cdot s^{-1} \frac{1}{\lambda}$$

$$= 1.986 \times 10^{-26} \frac{1}{\lambda} kJ \cdot cm$$

当有 1mol 电子跃迁时，则有：

$$\Delta_o = N_A h\nu = \frac{hc}{\lambda}$$

$$= 6.022 \times 10^{23} mol^{-1} \times 1.986 \times 10^{-26} \frac{1}{\lambda} kJ \cdot cm$$

$$= 1.196 \times 10^{-2} \frac{1}{\lambda} kJ \cdot cm \cdot mol^{-1}$$

Δ_o 常用 cm^{-1} 为单位，$1 cm^{-1} = 1.196 \times 10^{-2} kJ \cdot mol^{-1}$。当 Δ_o 以 cm^{-1} 为单位、λ 以 cm 为单位时，则有：

$$\Delta_o = \frac{1}{\lambda}$$

当 λ 以 nm 为单位时，则有：

$$\Delta_o = \frac{1}{\lambda} \times 10^7$$

用分光光度计分别测定一定浓度的$[Ti(H_2O)_6]^{3+}$溶液在不同波长λ下的吸光度A，然后以λ为纵坐标、A为横坐标作曲线。由于$[Ti(H_2O)_6]^{3+}$在一定波长下发生 d-d 跃迁，因此在A-λ曲线中出现最大吸收峰。根据最大吸收峰的λ值可计算Δ_o，即：

$$\Delta_o = \frac{1}{\lambda_{max}} \times 10^7 \tag{13-4}$$

式中，Δ_o为分裂能，cm^{-1}；λ_{max}为最大吸收峰的波长，nm。

【仪器、试剂与材料】

1. 仪器：可见分光光度计、25mL 容量瓶、5mL 移液管、洗耳球、玻璃棒。

2. 试剂与材料：$TiCl_3$溶液(15％～20％)、擦镜纸。

【实验步骤】

1. $[Ti(H_2O)_6]^{3+}$溶液的配制

用移液管吸取 2.5mL 15％～25％ $TiCl_3$溶液于 25mL 容量瓶中，用蒸馏水稀释至刻度，摇匀。

2. 测吸光度

以蒸馏水为参比液，在λ为 420～600nm 范围内，测定上述$[Ti(H_2O)_6]^{3+}$溶液的吸光度。在吸收峰最大值附近，λ间隔适当缩小。

【实验结果与数据处理】

1. 将实验测量值记录在表 13-1 中。

表 13-1　分光光度法测定$[Ti(H_2O)_6]^{3+}$分裂能的实验数据

λ/nm	420	430	440	450	460	470	475	480
A								
λ/nm	485	490	495	500	505	510	515	520
A								
λ/nm	530	540	550	560	570	580	590	600
A								

2. 用 Origin 软件或坐标纸绘制A-λ吸收曲线，根据曲线确定λ_{max}。

3. 根据式(13-4)计算$[Ti(H_2O)_6]^{3+}$的Δ_o和相对误差。

【实验注意事项】

1. 每改变一次波长，须重新调节分光光度计的"0"位和"100％"位。

2. 实验结束后，及时洗干净仪器，否则$[Ti(H_2O)_6]^{3+}$被氧化成TiO_2附壁，难以处理。

【思考题】

1. 八面体配合物的分裂能与哪些因素有关？

2. 实验中所配制$[Ti(H_2O)_6]^{3+}$溶液浓度的高低对A-λ吸收曲线有何影响？对所测分裂能的值有何影响？

【e 网链接 】

1. http：//jpkc. dept. xsyu. edu. cn/wjhx/syjx/sy/04. pdf

2. http：//hxzx. jlu. edu. cn/lab/2jiaoxue/xiangmu/chem/127. htm

3. http：//yingyong. syict. edu. cn/wujihuaxue/kejian/shiyanjiaoan/s4. doc

4. http：//www. docin. com/p-579653847. html

第3章　物质性质实验

实验 14　电离平衡与沉淀平衡

【实验目的与要求】

1. 掌握并验证同离子效应对弱电解质电离平衡的影响；
2. 学习缓冲溶液的配制，并验证其缓冲作用；
3. 掌握并验证浓度、温度对盐类水解平衡的影响；
4. 了解沉淀的生成和溶解条件以及沉淀的转化。

【实验原理】

1. 电离平衡

根据电解质导电能力的大小，将电解质分为强电解质和弱电解质，弱电解质在水溶液中的电离过程是可逆的，在一定条件下建立的平衡称为电离平衡。如：

$$HAc \rightleftharpoons H^+ + Ac^- \qquad K_a = \frac{[H^+][Ac^-]}{[HAc]} = 1.76 \times 10^{-5}$$

2. 同离子效应与缓冲溶液

弱电解质溶液中加入含有相同离子的另一强电解质时，弱电解质的解离度降低，这种效应称为同离子效应。如往醋酸溶液中加入醋酸钠，会使醋酸溶液的解离度显著降低。

对于弱酸及其盐或弱碱及其盐的混合溶液，当将其稀释或在其中加入少量的酸或碱时，溶液的 pH 值改变很小，这种溶液称为缓冲溶液。如在醋酸溶液中加入醋酸钠，就形成缓冲溶液，在溶液中存在如下平衡：

$$HAc \rightleftharpoons H^+ + Ac^-$$

溶液中存在较多的 HAc 和 Ac$^-$，加入少量的酸可与 Ac$^-$ 结合成 HAc；加入少量的碱则被 HAc 中和，溶液的 pH 值始终改变不大。缓冲溶液的 pH 值(以 HAc 和 NaAc 为例)可用下式计算：

$$pH = pK_a - lg\frac{c(酸)}{c(盐)} = pK_a - lg\frac{c(HAc)}{c(Ac^-)}$$

3. 盐类水解

盐类的水解是酸碱中和的逆反应，水解后溶液的酸碱性取决于盐的类型。盐类水解产生的离子能与水电离产生的微量 H$^+$ 或 OH$^-$ 结合，生成难电离的物质时，打破了水的电离平衡，引起 H$^+$ 或 OH$^-$ 浓度的变化，导致盐溶液酸碱性的变化。水解反应是吸热反应，因此升高温度有利于水解的进行。有些盐水解后能产生沉淀，如：

$$Bi(NO_3)_3 + H_2O \rightleftharpoons BiONO_3 \downarrow + 2HNO_3$$

向溶液中加入硝酸，可使平衡向左移动，沉淀溶解。因此，在配制 $Bi(NO_3)_3$ 溶液时，应将其先溶解在硝酸溶液中，然后加水稀释。

如果成盐的两种离子均能水解，则它们会相互促进，盐的水解程度大大加强，甚至会完全水解。如 Al_2S_3 遇水会剧烈水解：

$$Al_2S_3 + 6H_2O \rightleftharpoons 2Al(OH)_3 \downarrow + 3H_2S \uparrow$$

4. 难溶电解质的沉淀溶解平衡

在难溶电解质的饱和溶液中，未溶解的难溶电解质和溶液中相应的离子之间建立了多相离子平衡。例如在 PbI_2 饱和溶液中，建立了如下平衡：

$$PbI_2(s) \rightleftharpoons Pb^{2+} + 2I^-$$

其平衡常数的表达式为 $K_{sp} = c(Pb^{2+})c(I^-)^2$，称为溶度积。

根据溶度积规则可判断沉淀的生成和溶解，当将 $Pb(Ac)_2$ 和 KI 两种溶液混合时：

① 如果 $c(Pb^{2+})c(I^-)^2 > K_{sp}$，则溶液过饱和，有沉淀析出。

② 如果 $c(Pb^{2+})c(I^-)^2 = K_{sp}$，则为饱和溶液。

③ 如果 $c(Pb^{2+})c(I^-)^2 < K_{sp}$，则溶液未饱和，无沉淀析出。

使一种难溶电解质转化为另一种难溶电解质，即把一种沉淀转化为另一种沉淀的过程称为沉淀的转化，对于同一种类型的沉淀，溶度积大的难溶电解质易转化为溶度积小的难溶电解质。对于不同类型的沉淀，能否进行转化，则要具体计算溶解度。

【仪器、试剂与材料】

1. 仪器：离心机，离心管，试管，烧杯(100mL)，量筒，点滴板。

2. 试剂与材料：$HAc(0.1mol \cdot L^{-1})$，$HCl(0.1mol \cdot L^{-1}，2mol \cdot L^{-1})$，$NH_3 \cdot H_2O$ $(0.1mol \cdot L^{-1}，2mol \cdot L^{-1})$，$NaOH(0.1mol \cdot L^{-1})$，$NH_4Ac(固体)$，$NaAc(1mol \cdot L^{-1}，$ $0.1mol \cdot L^{-1})$，$NH_4Cl(1mol \cdot L^{-1})$，$Bi(NO_3)_3(0.1mol \cdot L^{-1})$，$MgSO_4(0.1mol \cdot L^{-1})$，$ZnCl_2(0.1mol \cdot L^{-1})$，$Pb(Ac)_2(0.01mol \cdot L^{-1})$，$Na_2S(0.1mol \cdot L^{-1})$，$KI(0.02mol \cdot L^{-1})$，$AgNO_3(0.1mol \cdot L^{-1})$，$HNO_3(6mol \cdot L^{-1})$，酚酞，甲基橙，pH试纸。

【实验步骤】

1. 同离子效应和缓冲溶液

① 在试管中加入 2mL $0.1mol \cdot L^{-1}$ 氨水，再加入一滴酚酞溶液，观察溶液颜色。再加入少量 $NH_4Ac(固体)$，摇动试管使其溶解，观察溶液颜色有何变化并说明原因。

② 在试管中加入 2mL $0.1mol \cdot L^{-1}$ HAc，再加入一滴甲基橙，观察溶液颜色。再加入少量 $NH_4Ac(固体)$，摇动试管使其溶解，观察溶液颜色有何变化并说明原因。

③ 在烧杯中加入 10mL $0.1mol \cdot L^{-1}$ HAc 和 10mL $0.1mol \cdot L^{-1}$ NaAc，搅匀，用 pH 试纸测定其 pH 值。然后将溶液分成两份，一份加入 10 滴 $0.1mol \cdot L^{-1}$ HCl，测其 pH 值；另一份加入 10 滴 $0.1mol \cdot L^{-1}$ NaOH，测其 pH 值。

于另一烧杯中加入 10mL 去离子水，重复上述实验，说明缓冲溶液的作用。

2. 盐类的水解和影响水解的因素

(1) 酸度对水解平衡的影响

在试管中加入 2 滴 $0.1mol \cdot L^{-1}$ $Bi(NO_3)_3$ 溶液，加入 1mL 水，观察沉淀的产生，往沉淀中滴加 $6mol \cdot L^{-1}$ HNO_3 溶液，至沉淀刚好消失。

（2）温度对水解平衡的影响

取绿豆大小的 $Fe(NO_3)_3 \cdot 9H_2O$ 晶体，用少量蒸馏水溶解后，将溶液分成两份，第一份留作比较，第二份用小火加热煮沸。溶液发生什么变化？说明加热对水解的影响。

3. 沉淀的生成和溶解

① 在试管中加入 1mL $0.1mol \cdot L^{-1}$ $MgSO_4$ 溶液，加入 $2mol \cdot L^{-1}$ 氨水数滴，此时生成的沉淀是什么？再向此溶液中加入 $1mol \cdot L^{-1}$ NH_4Cl 溶液，观察沉淀是否溶解。解释观察到的现象，写出相关反应式。

② 取 2 滴 $0.1mol \cdot L^{-1}$ $ZnCl_2$ 溶液加入试管中，加入 2 滴 $0.1mol \cdot L^{-1}$ Na_2S 溶液，观察沉淀的生成和颜色。再在试管中加入数滴 $2mol \cdot L^{-1}$ HCl，观察沉淀是否溶解。写出相关反应式。

③ 将 $0.1mol \cdot L^{-1}$ $MgSO_4$ 和 $0.1mol \cdot L^{-1}$ $ZnCl_2$ 溶液等体积混合，加入 $0.1mol \cdot L^{-1}$ 的 $NaOH$ 能否将 Mg^{2+} 和 Zn^{2+} 分离？通过实验验证。

4. 沉淀的转化

① 取 10 滴 $0.01mol \cdot L^{-1}$ $Pb(Ac)_2$ 溶液加入试管中，加入 2 滴 $0.02mol \cdot L^{-1}$ KI 溶液，振荡，观察沉淀的颜色。再在其中加入 $0.1mol \cdot L^{-1}$ Na_2S 溶液，边加边振荡，直到黄色消失，黑色沉淀生成为止。解释观察到的现象，写出相关反应式。

② 在一试管中加 5 滴 $0.1mol \cdot L^{-1}$ $AgNO_3$ 溶液和 3~4 滴 $0.1mol \cdot L^{-1}$ Na_2S 溶液，观察沉淀的生成。离心分离，弃去清夜，向沉淀中加 7 滴 $6mol \cdot L^{-1}$ HNO_3 溶液，有何现象？加热试管，又有何现象？写出方程式，并说明原因。

【实验结果与数据处理】

按表 14-1 的格式写实验报告，对观察到的现象进行解释，写出化学反应方程式。

表 14-1　电离平衡与沉淀平衡实验报告

实验内容	现象	化学反应方程式或解释

【实验注意事项】

1. 在实验中要多次使用试管、胶头滴管等仪器，每次使用前要洗干净。

2. 取用少量液体时，如对体积要求不精确，则可通过滴数计量。

3. 使用离心机时要对称放置离心管，以保持离心机平衡。

【思考题】

1. 同离子效应与缓冲溶液的原理有何异同？

2. 如何抑制或促进水解？举例说明。

3. 是否一定要在碱性条件下才能生成氢氧化物沉淀？不同浓度的金属离子溶液，开始生成氢氧化物沉淀时，溶液的 pH 值是否相同？

【e网链接】

1. http://wenku.baidu.com/view/39071ec55fbfc77da269b1e9.html

2. http://wenku.baidu.com/view/59281b274b35eefdc8d333fe.html

3. http：//wenku. baidu. com/view/b2ad8fe8e009581b6bd9ebe8. html

4. http：//wenku. baidu. com/view/5d04cf4a767f5acfa1c7cd12. html

实验 15　氧化还原反应

【实验目的与要求】

1. 了解原电池装置和反应，并学会粗略测量原电池电动势的方法；

2. 熟悉浓度对电极电势的影响；

3. 掌握电极电势与氧化还原反应的关系，进一步熟悉溶液浓度、酸度对氧化还原反应的影响。

【实验原理】

氧化还原反应伴随着电子的转移，利用这类反应可组装原电池，如标准铜锌原电池：

$$(-)Zn \mid ZnSO_4(1mol \cdot L^{-1}) \parallel CuSO_4(1mol \cdot L^{-1}) \mid Cu(+)$$

在原电池中，化学能转变为电能，产生电流。由于电池本身有内电阻，因此用毫伏计所测的电压，只是电池电动势的一部分(即外电路的电压降)。可用酸度计粗略地测量其电动势。

当氧化剂和还原剂所对应的电对的电极电势相差较大时，通常可以直接用标准电极电势 $E^{\ominus}$ 来判断氧化还原反应的方向，氧化剂电对对应的电极电势与还原剂电对对应的电极电势数值之差大于零，则氧化还原反应就自发进行。也就是 $E^{\ominus}$ 值大的氧化态物质可以氧化 $E^{\ominus}$ 值小的还原态物质，或 $E^{\ominus}$ 值小的还原态物质可以还原 $E^{\ominus}$ 值大的氧化态物质。

若两者的标准电极电势代数值相差不大，则必须考虑浓度对电极电势的影响。具体方法是利用 Nernst 方程式：

$$E = E^{\ominus} + \frac{0.059}{n} \lg \frac{c(\text{氧化型})}{c(\text{还原型})}$$

计算出不同浓度的电极电势值来说明氧化还原反应的情况。

有 H^+ 或 OH^- 参加的氧化还原反应，还必须考虑 pH 值(酸度)对电极电势和氧化还原反应的影响。例如高锰酸钾在不同酸度介质中的 $E^{\ominus}$ 值如下。

酸性介质：

$$MnO_4^- + 8H^+ + 5e^- =\!=\!= Mn^{2+} + 4H_2O \quad E^{\ominus} = 1.419V$$

弱酸性或中性介质：

$$MnO_4^- + 2H_2O + 3e^- =\!=\!= MnO_2 + 4OH^- \quad E^{\ominus} = 0.588V$$

碱性介质：

$$MnO_4^- + e^- =\!=\!= MnO_4^{2-} \quad E^{\ominus} = 0.564V$$

【仪器、 试剂与材料】

1. 仪器：离心机，离心管，伏特计(或 pHS-25 型酸度计)，铜片电极和锌片电极，盐桥(充有琼胶和 KCl 饱和溶液的 U 形管)，50mL 烧杯，10mL 量筒，试管，胶头滴管。

2. 试剂与材料：HCl(浓，1mol·L^{-1})，H$_2$SO$_4$(2mol·L^{-1})，CuSO$_4$(0.5mol·L^{-1})，ZnSO$_4$(0.5mol·L^{-1}，0.1mol·L^{-1})，KBr(0.1mol·L^{-1})，KI(0.1mol·L^{-1})，KIO$_3$(0.1mol·L^{-1})，FeCl$_3$(0.1mol·L^{-1})，H$_2$O$_2$(3%)，(NH$_4$)$_2$Fe(SO$_4$)$_2$(0.1mol·L^{-1})，

$K_3[Fe(CN)_6](0.1mol \cdot L^{-1})$，$K_2Cr_2O_7(0.02mol \cdot L^{-1})$，$MnO_2$（固体），$FeSO_4(0.1mol \cdot L^{-1})$，$AgNO_3(0.1mol \cdot L^{-1})$，$NH_4SCN(10\%)$，$CCl_4$，淀粉 KI 试纸，砂纸。

【实验步骤】

1. 原电池与电动势

如图 15-1 所示装配好铜锌原电池，测定原电池的电动势，记录数据，并写出电极反应。在 $CuSO_4$ 溶液中加入浓氨水，至生成沉淀为止，观察原电池电动势有何变化。在 $ZnSO_4$ 溶液中加入浓氨水，至生成沉淀为止，观察原电池电动势有何变化。解释实验现象。

2. 酸度对电极电势的影响

在试管中加入 0.5mL $0.1mol \cdot L^{-1}$ KI 溶液和 2 滴 $0.1mol \cdot L^{-1}$ KIO_3 溶液，再加入几滴淀粉溶液，混合后观察溶液的颜色有无变化。然后加 2~3 滴 $2mol \cdot L^{-1}$ H_2SO_4 溶液酸化混合溶液，观察有无变化。

3. 氧化还原反应与电极电势的关系

① 往试管中加入 0.5mL $0.1mol \cdot L^{-1}$ 的 KI 溶液和 2 滴 $0.1mol \cdot L^{-1}$ 的 $FeCl_3$ 溶液，再加入 10 滴 CCl_4，观察 CCl_4 层颜色的变化，发生了什么反应？

② 用 $0.1mol \cdot L^{-1}$ KBr 溶液代替 KI 溶液，进行上述实验，反应能否发生？

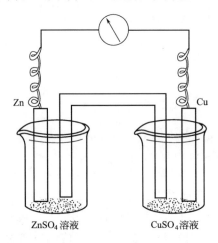

图 15-1　铜锌原电池

根据①、②的实验结果，定性地比较 $E^\ominus(Br_2/Br^-)$、$E^\ominus(I_2/I^-)$、$E^\ominus(Fe^{3+}/Fe^{2+})$ 的相对大小，并指出哪一种物质是最强氧化剂、哪一种物质是最强还原剂。

③ 自拟实验，根据电极电势数值判断并验证 Fe^{2+} 能否与 3% 的 H_2O_2 发生反应。

［注］：H_2O_2 不宜加多，以免妨碍用 NH_4SCN 对 Fe^{3+} 进行检验。

4. 浓度对氧化还原反应的影响

观察 MnO_2（固体）分别与浓 HCl 和 $1mol \cdot L^{-1}$ HCl 的反应现象（此实验可以不加热），检验所产生的气体，写出反应方程式，并从浓度对电极电势影响的角度进行解释。

5. 溶液酸度对氧化还原反应的影响

往试管中加入 0.5mL $0.1mol \cdot L^{-1}$ 的 KI 溶液和 0.5mL $0.02mol \cdot L^{-1}$ 的 $K_2Cr_2O_7$ 溶液，混匀后，加入少量 CCl_4 并振荡，观察现象，再加入 10 滴 $2mol \cdot L^{-1}$ 的 H_2SO_4 溶液，观察 CCl_4 层颜色的变化，写出反应方程式，并加以解释。

6. 沉淀对氧化还原反应的影响

向一支试管中加入 0.5mL $0.1mol \cdot L^{-1}$ 的 KI 溶液和 5 滴 $0.1mol \cdot L^{-1}$ 的 $K_3[Fe(CN)_6]$ 溶液，混合均匀后加入 0.5mL CCl_4，充分振荡，观察 CCl_4 层颜色有无变化。然后再加入 10 滴 $0.1mol \cdot L^{-1}$ 的 $ZnSO_4$ 溶液，充分振荡，观察现象并解释。

向一支离心管中加入 1mL $0.1mol \cdot L^{-1}$ 的 $FeSO_4$ 溶液和 1~2 滴碘水，混匀后，观察碘水的颜色是否褪去。然后向离心管中滴加 $0.1mol \cdot L^{-1}$ 的 $AgNO_3$ 溶液，边滴加边振荡，观察碘的黄棕色是否褪去。离心沉降后，将上层清液转至另一支试管中并滴加数滴 10% NH_4SCN 溶液，观察颜色变化，解释现象并写出反应方程式。

【实验结果与数据处理】

按表 15-1 的格式写实验报告，对观察到的现象进行解释，写出化学反应方程式。

表 15-1　氧化还原反应实验报告

实验内容	现象	化学反应方程式或解释

【实验注意事项】

1. 组装原电池前，须用砂纸将铜片和锌片表面的氧化膜打磨掉。

2. 实验中取用液体要尽量精确。

【思考题】

1. 怎样装配原电池？盐桥有什么作用？

2. 如何利用电极电势来判断氧化还原反应进行的方向？本实验是通过什么反应来说明的？

3. 如何通过实验比较下列物质氧化还原性的强弱？

(1) Cl_2、Br_2、I_2 和 Fe^{3+}。 (2) Cl^-、Br^-、I^- 和 Fe^{2+}。

4. 电极电势受哪些因素影响？是如何影响的？本实验是通过哪些实验来证明的？

5. 在氧化还原反应中，为什么一般不用 HNO_3、HCl 作为反应的酸性介质？

【e 网链接】

1. http：//hxsf. yctc. edu. cn/experiment/inorganic/sio12. htm

2. http：//wenku. baidu. com/view/f9e019d6c1c708a1284a4482. html

3. http：//www. erlish. com/htmlstyle/articleinfo _ 386413. html

4. http：//chemexp. tju. edu. cn/syjx/web/zs/3. htm

实验 16　配位化合物的生成与性质

【实验目的与要求】

1. 了解配离子的生成和组成；

2. 掌握配离子和简单离子的区别；

3. 了解配平衡与沉淀溶解平衡间的相互转化；

4. 初步掌握利用沉淀反应和配位溶解反应分离鉴定混合阳离子的方法。

【实验原理】

1. 配位化合物

配位化合物分子一般由中心离子、配位体和外界所构成。中心离子和配位体组成配离子，称为内界，例如：

$$[Cu(NH_3)_4]SO_4 \longrightarrow [Cu(NH_3)_4]^{2+} + SO_4^{2-} \qquad 完全解离$$

$$[Cu(NH_3)_4]^{2+} \rightleftharpoons Cu^{2+} + 4NH_3 \qquad 部分解离$$

$[Cu(NH_3)_4]^{2+}$ 为配离子(内界)，其中 Cu^{2+} 为中心离子，NH_3 为配位体；SO_4^{2-} 为外界。配位化合物中的内界和外界可以用实验来确定。具有环状结构的配位化合物称为螯合物，螯合物更稳定。

2. 配位平衡

配位离子的解离平衡常数称为该配离子的不稳定常数($K_{不稳}$)，其倒数称为稳定常数($K_{稳}$)。例如：

$$[Cu(NH_3)_4]^{2+} \rightleftharpoons Cu^{2+} + 4NH_3$$

$$K_{不稳} = \frac{[Cu^{2+}][NH_3]^4}{[Cu(NH_3)_4^{2+}]} \qquad K_{稳} = \frac{[Cu(NH_3)_4^{2+}]}{[Cu^{2+}][NH_3]^4}$$

配离子的解离平衡也是一种动态平衡，能向着生成更难解离或更难溶解的物质的方向移动，即沉淀和配离子之间可以相互转化。例如：

$$AgCl + 2NH_3 \rightleftharpoons [Ag(NH_3)_2]^+ + Cl^-$$

$$[Ag(NH_3)_2]^+ + Br^- \rightleftharpoons AgBr + 2NH_3$$

配位化合物之间也可以相互转化，由一种配离子转化为另一种更稳定的配离子。

3. 配位化合物的应用

(1) 鉴定某些离子

一些金属离子形成的配位化合物往往具有特征颜色，可用此方法鉴定金属离子。例如：

$$Cu^{2+} + 4NH_3 \longrightarrow [Cu(NH_3)_4]^{2+}（深蓝色）$$

$$Fe^{3+} + nSCN^- \longrightarrow [Fe(SCN)_n]^{3-n}（血红色）$$

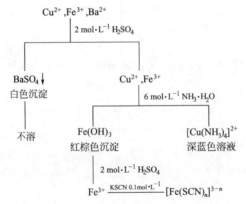

(鲜红色沉淀)

(2) 掩蔽干扰离子

在定性鉴定中如果遇到干扰离子，常常利用形成配位化合物的方法把干扰离子掩蔽起来。例如 Co^{2+} 的鉴定，可利用它与 SCN^- 反应生成 $[Co(SCN)_4]^{2-}$ 进行鉴定，该配离子易溶于有机溶剂，呈现蓝绿色。若 Co^{2+} 溶液中含有 Fe^{3+}，则因 Fe^{3+} 遇 SCN^- 生成红色的配离子而产生干扰。这时，可利用 Fe^{3+} 与 F^- 形成更稳定的无色 $[FeF_6]^{3-}$，把 Fe^{3+} 掩蔽起来，避免它的干扰。

(3) 分离某些离子

配位反应常用来分离和鉴定某些离子。例如，欲使 Cu^{2+}、Fe^{3+}、Ba^{2+} 混合离子完全分离，具体过程如下：

【仪器、试剂与材料】

1. 仪器：离心机，电加热器，普通试管，离心试管，烧杯。

2. 试剂与材料：$HAc(2mol \cdot L^{-1}, 6mol \cdot L^{-1})$，$NaOH(2mol \cdot L^{-1})$，$NH_3 \cdot H_2O(2mol \cdot L^{-1}, 6mol \cdot L^{-1})$，$AgNO_3(0.1mol \cdot L^{-1})$，$CuSO_4(0.1mol \cdot L^{-1})$，$Al(NO_3)_3(0.1mol \cdot L^{-1})$，$K_3[Fe(CN)_6](0.1mol \cdot L^{-1})$，$FeCl_3(0.1mol \cdot L^{-1})$，$KBr(0.1mol \cdot L^{-1})$，$KSCN(0.1mol \cdot L^{-1})$，$KI(0.1mol \cdot L^{-1})$，$NaCl(0.1mol \cdot L^{-1})$，$BaCl_2(1mol \cdot L^{-1})$，$NH_4F(4mol \cdot L^{-1})$，$Na_2S_2O_3(1mol \cdot L^{-1})$，$NH_4Cl$(饱和溶液)，$H_3BO_3(0.1mol \cdot L^{-1})$，$NiSO_4(0.1mol \cdot L^{-1})$，丁二肟(1%)，甘油，铝试剂，pH 试纸。

【实验步骤】

1. 配位化合物的生成和组成

在两支试管中各加入 10 滴 $0.1mol \cdot L^{-1}$ $CuSO_4$ 溶液，然后分别加入 2 滴 $1mol \cdot L^{-1}$ $BaCl_2$ 溶液和 2 滴 $2mol \cdot L^{-1}$ $NaOH$ 溶液，观察生成的沉淀(分别是检验 SO_4^{2-} 和 Cu^{2+} 的方法)。

另取 10 滴 $0.1mol \cdot L^{-1}$ $CuSO_4$ 溶液加入 $6mol \cdot L^{-1}$ $NH_3 \cdot H_2O$ 至生成深蓝色溶液，然后将深蓝色溶液分盛在两支试管中，分别加入 2 滴 $1mol \cdot L^{-1}$ $BaCl_2$ 溶液和 2 滴 $2mol \cdot L^{-1}$ $NaOH$ 溶液，观察是否都有沉淀产生。

根据上面实验的结果，说明 $CuSO_4$ 和 NH_3 所形成的配位化合物的组成。

2. 简单离子与配位离子的比较及配位离子的颜色

① 在一支试管中滴入 5 滴 $0.1mol \cdot L^{-1}$ $FeCl_3$ 溶液，加入 1 滴 $0.1mol \cdot L^{-1}$ $KSCN$ 溶液，观察现象(这是检验 Fe^{3+} 的方法)，然后将溶液用少量水稀释，逐滴加入 $4mol \cdot L^{-1}$ NH_4F 溶液，观察现象并解释。

② 以铁氰化钾($K_3[Fe(CN)_6]$)溶液代替 $FeCl_3$ 溶液进行上述实验，观察现象是否与上述相同并解释。

③ 螯合物的生成。往一支试管中加入 2 滴 $0.1mol \cdot L^{-1}$ $NiSO_4$ 溶液和 1mL 水，然后滴加 $6mol \cdot L^{-1}$ 氨水溶液至生成蓝色溶液，再滴加 2～3 滴 1% 丁二肟，观察现象并解释。

3. 难溶化合物与配位离子的相互转化

往一支试管中加入 5 滴 $0.1mol \cdot L^{-1}$ $AgNO_3$ 溶液，然后按下列次序进行实验，并写出每一步骤反应的化学方程式。

① 加入 1～2 滴 $0.1mol \cdot L^{-1}$ $NaCl$ 溶液至生成白色沉淀。

② 滴加 $6mol \cdot L^{-1}$ $NH_3 \cdot H_2O$ 溶液，边滴边振荡至沉淀刚溶解。

③ 加入 1～2 滴 $0.1mol \cdot L^{-1}$ KBr 溶液至生成浅黄色沉淀。

④ 滴加 $1mol \cdot L^{-1}$ $Na_2S_2O_3$ 溶液，边滴边振荡至沉淀刚溶解。

⑤ 加入 1～2 滴 $0.1mol \cdot L^{-1}$ KI 溶液至生成黄色沉淀。

4. 配位平衡的移动

取一小段 pH 试纸，在试纸的一端滴 1 滴 $0.1mol \cdot L^{-1}$ H_3BO_3，在其另一端滴 1 滴甘油。待 H_3BO_3 与甘油互相渗透，观察试纸两端及溶液交界处的 pH 值，说明 pH 值变化的原因，写出反应方程式。

5. 混合离子分离鉴定

取 Ag^+、Cu^{2+}、Al^{3+} 的混合溶液各 15 滴进行离子分离鉴定，画出分离鉴定过程的示意图。

【实验结果与数据处理】

按表 16-1 的格式写实验报告，对观察到的现象进行解释，写出化学反应方程式。

表 16-1 配位化合物的生成与性质实验报告

实验内容	现象	化学反应方程式或解释

【实验注意事项】

1. 使用离心机时要注意离心试管的对称放置，另外还要注意离心过程中不要打开机盖，以免发生危险。

2. 在生成沉淀或使沉淀溶解的过程中要逐滴加入试剂。

3. 银氨配位化合物不能储存，因放置时(天热时不到一天)会析出有强爆炸性的氮化银 Ag_3N 沉淀。为了破坏溶液中的银氨配位离子，可加盐酸，使它转化为氯化银。

【思考题】

1. AgCl 和 AgBr 能否溶于 KCN，为什么？

2. 影响配位平衡的主要因素是什么？

3. Fe^{3+} 可以将 I^- 氧化为 I_2，而自身被还原成 Fe^{2+}，但 Fe^{2+} 的配离子 $[Fe(CN)_6]^{4-}$ 又可以将 I_2 还原成 I^-，而自身被氧化成 $[Fe(CN)_6]^{3-}$，如何解释此现象？

【e 网链接】

1. http://wenku.baidu.com/view/6f751a0bf78a6529647d538b.html

2. http://wenku.baidu.com/view/de32d1d13186bceb19e8bbfa.html

3. http://wenku.baidu.com/view/14d169f39e314332396893a3.html

4. http://www.doc88.com/p-67116362948.html

实验 17　卤素及其化合物的性质

【实验目的与要求】

1. 了解氯气、次氯酸盐和氯酸盐的制备方法；

2. 进一步练习气体的发生、收集和仪器的装配等操作；

3. 掌握卤素及其重要化合物的性质；

4. 了解氯、溴和氯酸钾的安全操作。

【实验原理】

1. 氯气、氯水、次氯酸钠和氯酸钾的制备

实验室中制备氯气通常采用二氧化锰与浓盐酸共热或用稀盐酸与高锰酸钾反应这两种方法。将产生的氯气通入去离子水中一段时间得到氯水；通入热的氢氧化钾溶液中制备氯酸

钾；通入冷的氢氧化钠溶液中制备次氯酸钠。其中，次氯酸和次氯酸盐都是强氧化剂。其反应方程式为：

$$MnO_2 + 4HCl(浓) \xrightarrow{\triangle} MnCl_2 + Cl_2 + 2H_2O$$

$$2KMnO_4 + 16HCl(稀) \longrightarrow 2KCl + 2MnCl_2 + 5Cl_2 + 8H_2O$$

$$Cl_2 + 2NaOH \xrightarrow{冰} NaClO + NaCl + H_2O$$

$$3Cl_2 + 6KOH \xrightarrow{\triangle} KClO_3 + 5KCl + 3H_2O$$

2. 卤素单质的活泼性及其离子的还原性

卤素是元素周期表中第ⅦA族元素，在化合物中最常见的氧化值为 -1，在一定条件下，也可以被氧化成 $+1$、$+3$、$+5$ 和 $+7$ 等价态的化合物。它们的非金属性在同一周期中是最强的，同主族中从上到下逐渐减弱。从 F_2 到 I_2 氧化性依次减弱，从 F^- 到 I^- 的还原性依次增强。例如，HI 能将浓硫酸还原成硫化氢，HBr 可将浓硫酸还原成二氧化硫，而 HCl 则不能还原浓硫酸。

3. ClO^- 和 ClO_3^- 的氧化性

ClO^- 和 ClO_3^- 都具有非常强的氧化性，且前者强于后者。它们的氧化能力都与溶液的酸碱性有关，在酸性条件下的氧化能力大于在碱性条件下的氧化能力。

【仪器、试剂与材料】

1. 仪器：烧瓶，试管，恒压滴液漏斗，集气瓶，毛片玻璃，锥形瓶，烧杯，量筒，台秤，温度计，水浴锅，试管，表面皿，三通管，抽滤瓶，循环水真空泵，布氏漏斗，离心机，铁架台，铁圈，铁锤，燃烧匙。

2. 试剂与材料：$NaOH(2mol \cdot L^{-1})$，$HCl(2mol \cdot L^{-1}$、$6mol \cdot L^{-1}$、浓)，$H_2SO_4(3mol \cdot L^{-1}$、浓)、$KOH(30\%)$，$NH_3 \cdot H_2O(浓)$，$FeCl_3(0.1mol \cdot L^{-1})$，$NaBr(0.1mol \cdot L^{-1})$，$MnSO_4$ $(0.2mol \cdot L^{-1}$、$0.002mol \cdot L^{-1})$，$KI(0.1mol \cdot L^{-1})$，单质碘，红磷，硫粉，二氧化锰，氯化钠（固体），溴化钾（固体），碘化钾（固体），铜丝，pH试纸，淀粉-碘化钾试纸，醋酸铅试纸，淀粉（0.4%），四氯化碳，凡士林，石棉网，乳胶管，玻璃纤维。

【实验步骤】

1. 氯气、氯水、次氯酸钠和氯酸钾的制备

如图17-1所示，装配好各仪器并检查装置的气密性。在100mL的烧瓶中加入10.0g二氧化锰粉末，将27.0mL的浓盐酸加入50mL的恒压滴液漏斗中，将15mL 30%氢氧化钾溶液加入到试管②中并将试管放在盛有70～80℃热水的烧杯中，10.0mL 2mol·L⁻¹的氢氧化钠溶液注入冰水浴的试管③中，锥形瓶④中加入 2mol·L⁻¹的氢氧化钠溶液以收集多余的氯气。

（1）氯气的制备

旋开三通管 B 使之与氯气集气瓶连接，滴加浓盐酸，同时加热蒸馏烧瓶。用排气法收集两瓶氯气。

（2）氯水的制备

移去集气瓶，使三通管 B 与盛有去离子水的锥形瓶相通，制备得到氯水。

（3）次氯酸钠和氯酸钾的制备

旋开三通管 A 使之与②、③试管相通，产生的氯气分别与氢氧化钾和氢氧化钠反应。

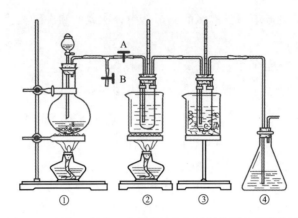

图 17-1　氯气、氯水、次氯酸钠和氯酸钾的制备仪器装配

一段时间后，试管②中氢氧化钾溶液由黄色变为无色，且上部呈黄绿色时，停止加热。

制备完成后，由恒压滴液漏斗向蒸馏烧瓶中注入大量的水，多余的氯气被锥形瓶中的碱液吸收。待冷却后，拆除装置，妥善处理烧瓶和锥形瓶中的废渣和废液。

2. 卤素单质的活泼性及其离子的还原性

（1）氯气和磷的反应

在燃烧匙中放入少许红磷，在酒精灯上加热后迅速伸入盛有氯气的集气瓶中，观察实验现象。

（2）氯气和铜的反应

取一小段铜丝，用砂纸将表面氧化物打磨掉，绕成螺旋状固定在燃烧匙上。在酒精灯上加热直至铜丝发红，将其伸入装满氯气的集气瓶中，观察实验现象并记录。反应后，在集气瓶中加入少量水振荡，观察水溶液颜色的变化情况。

（3）碘单质的溶解性及其歧化反应

取少量碘晶体放在洁净的试管中，加入 2mL 蒸馏水，振荡试管，观察溶液颜色。再滴加几滴碘化钾溶液，摇匀，观察溶液颜色的变化。把溶液分成两份，一份滴加数滴四氯化碳，另一份滴加 2 滴淀粉溶液，振荡试管，观察溶液颜色的变化。

继续向上述两试管中滴加数滴氢氧化钾溶液，摇匀，观察实验现象。然后加入稀硫酸酸化，又有什么现象产生？

（4）Cl⁻、Br⁻、I⁻ 的还原性

向洁净试管中加入绿豆大小的碘化钾固体，然后滴加 10 滴浓硫酸，观察实验现象。用浓氨水、淀粉-碘化钾试纸、醋酸铅试纸检验试管中产生的气体。另取两支洁净的试管，分别加入溴化钾和氯化钠固体，重复上述实验，观察实验现象。判断硫酸是否被还原以及其还原程度。

在两支试管中分别加入 5 滴 $0.1mol \cdot L^{-1}$ KI 溶液和 NaBr 溶液，再分别加入 3 滴 $0.1mol \cdot L^{-1}$ $FeCl_3$ 溶液和 5 滴四氯化碳，振荡后观察四氯化碳层颜色的变化。

3. ClO^-、ClO_3^- 的氧化性

（1）ClO^- 的氧化性

① 与浓盐酸反应：取几滴次氯酸钠溶液，再滴加浓盐酸，振荡后观察现象，用湿润的淀粉-碘化钾试纸检测产生的气体。

② 与 I⁻ 反应：在 5 滴 $0.1mol \cdot L^{-1}$ KI 溶液中滴加 1 滴 $3mol \cdot L^{-1}$ H_2SO_4 溶液，再滴加 5

滴四氯化碳和几滴次氯酸钠溶液，振荡，观察现象。

③ 与 Mn^{2+} 反应：在 2 滴 $0.1mol\cdot L^{-1}MnSO_4$ 溶液中加入 1 滴 $3mol\cdot L^{-1}H_2SO_4$ 溶液酸化，再滴加次氯酸钠溶液，振荡，观察现象。

（2）ClO_3^- 的氧化性

① 与浓盐酸反应：取绿豆大小的氯酸钾晶体，再滴加浓盐酸约 1mL，振荡后观察现象。

② 与 I^- 反应：取绿豆大小的氯酸钾晶体，加入 5 滴 $0.1mol\cdot L^{-1}KI$ 溶液和 0.5mL 四氯化碳，振荡，观察现象。再加 1mL 的 $3mol\cdot L^{-1}H_2SO_4$ 溶液，振荡，观察现象。

③ 与 S 反应：取少量氯酸钾晶体和硫粉在纸上小心混合均匀后包好，在室外用铁锤猛击，观察实验现象。

写出相关反应方程式。

【实验结果与数据处理】

1. 按表 17-1 的格式写实验报告，对观察到的现象进行解释，写出化学反应方程式。

表 17-1　卤素及其化合物的性质实验报告

实验内容	现象	化学反应方程式或解释

2. 总结卤素单质的化学性质及其相应的变化规律。

3. 总结卤素离子的鉴定方法并写出具体实验步骤和反应方程式。

【实验注意事项】

1. 氯气剧毒并有强烈刺激性，少量吸入人体会刺激鼻咽部，引起咳嗽和喘息，大量吸入会导致严重损害，甚至死亡。因此，氯气相关实验应在通风橱内进行。

2. 溴蒸气对气管、肺部、眼鼻喉等多器官都有强烈的刺激作用，有关溴的实验应该在通风橱内进行。不慎吸入溴蒸气应及时处理，可吸入少量氨气或者新鲜空气解毒。液溴具有强腐蚀性，取用时应戴上橡皮手套，以防腐蚀皮肤。溴水的腐蚀性比液溴稍弱，但在使用时，也应注意用滴管移取，不可直接由试剂瓶中倒出。如果不慎把溴水溅在手上，应及时用大量水冲洗，再用稀的硫代硫酸钠溶液充分浸透绷带包扎处理。

3. 氯酸钾是强氧化剂，与可燃物一起受热、摩擦或者撞击会爆炸。实验时，氯酸钾和硫粉在纸上用玻璃棒轻轻混合，切记不可用力摩擦、研磨！实验结束后，废渣应妥善处理，不允许倒入酸液缸中。

【思考题】

1. 实验室中制备氯气若以二氧化锰为原料需用浓盐酸并且在加热条件下进行，而高锰酸钾则需用稀盐酸且不用加热，为什么？

2. 现有两组白色固体，可采用什么方法一一鉴别？

A 组：氯化钠、溴化钠、氯酸钾

B 组：次氯酸钾、氯酸钾、高氯酸钾

3. 分离氯化银、溴化银、碘化银时，应该选择什么试剂？分析其优点，写出相关反应方程式。

【e 网链接】

1. http：//wenku. baidu. com/view/c6c2288e84868762caaed5c7. html
2. http：//www. doc88. com/p-18367925876. html
3. http：//www. docin. com/p-559077712. html
4. http：//wenku. baidu. com/view/90b658c758f5f61fb7366658. html

实验 18　氧和硫及其化合物的性质

【实验目的与要求】

1. 掌握 H_2O_2、H_2S、H_2SO_3、$Na_2S_2O_3$ 的化学性质；
2. 了解 H_2O_2、S^{2-}、$S_2O_3^{2-}$ 的检验方法。

【实验原理】

氧和硫是元素周期表中第ⅥA族元素，价电子结构为 ns^2np^4。

氧和氢的二元化合物，除水以外，还有 H_2O_2。在 H_2O_2 分子中，氧的氧化数为 -1，处于中间氧化态，因此 H_2O_2 既有氧化性又有还原性。在酸性介质中 H_2O_2 是强氧化剂。当 H_2O_2 与某些强氧化剂作用时，可显示其还原性。

H_2S 是有毒气体，能溶于水，其水溶液呈弱酸性。S^{2-} 可与多种金属离子生成不同颜色的金属硫化物沉淀，例如 ZnS(白色)、CuS(棕黑色)、HgS(黑色)、CdS(黄色)。

SO_2 和 H_2SO_3 常作为还原剂，但与强还原剂作用时，又表现为氧化性。

$Na_2S_2O_3$ 是一种中等强度的还原剂，I_2 可以将它氧化成 $Na_2S_4O_6$；而与强氧化剂作用时可被氧化成 Na_2SO_4。$Na_2S_2O_3$ 在酸性溶液中不稳定，迅速分解析出单质 S，并放出 SO_2 气体。$S_2O_3^{2-}$ 有很强的配位作用，能与许多金属离子形成稳定的配合物。

如果溶液中同时存在 S^{2-}、SO_3^{2-} 和 $S_2O_3^{2-}$，需要对其进行鉴别时，必须先将 S^{2-} 除去，因为 S^{2-} 的存在会妨碍 SO_3^{2-} 和 $S_2O_3^{2-}$ 的鉴定。除去 S^{2-} 的方法是在含 S^{2-} 等离子的混合液中加入 $PbCO_3$ 固体，使 S^{2-} 与 Pb^{2+} 结合形成溶解度更小的 PbS 沉淀，离心分离后，在清液中再分别鉴别 SO_3^{2-} 和 $S_2O_3^{2-}$。

【仪器、　试剂与材料】

1. 仪器：试管，酒精灯，试管夹，点滴板。
2. 试剂与材料：HCl（$2mol \cdot L^{-1}$），H_2SO_4（$3mol \cdot L^{-1}$），NaOH（$2mol \cdot L^{-1}$），KI（$0.1mol \cdot L^{-1}$），$K_2Cr_2O_7$（$0.1mol \cdot L^{-1}$），$Na_2S_2O_3$（$0.1mol \cdot L^{-1}$），$AgNO_3$（$0.1mol \cdot L^{-1}$），H_2O_2（3%），$BaCl_2$（$0.5mol \cdot L^{-1}$），$KMnO_4$（$0.01mol \cdot L^{-1}$），$Pb(NO_3)_2$（$0.1mol \cdot L^{-1}$），$CuSO_4$（$0.1mol \cdot L^{-1}$），$FeSO_4$（$0.1mol \cdot L^{-1}$），$ZnSO_4$（$0.1mol \cdot L^{-1}$，饱和溶液），$Cd(NO_3)_2$（$0.1mol \cdot L^{-1}$），$Na_2[Fe(CN)_5NO]$（1%），$K_4[Fe(CN)_6]$（$0.1mol \cdot L^{-1}$），淀粉溶液（1%），H_2S（饱和溶液），Na_2S（固体），$PbCO_3$（固体），氨水（$2mol \cdot L^{-1}$），碘水，乙醚，H_2SO_3 饱和溶液，NaOH（40%），无水乙醇。

【实验步骤】

1. H_2O_2 的性质

（1）氧化性

在试管中加入 $0.1mol \cdot L^{-1}$ KI 溶液 5 滴和 $3mol \cdot L^{-1}$ H_2SO_4 溶液 1 滴，再加入 3％ H_2O_2 溶液 2 滴，加入 1％淀粉溶液 1 滴，观察颜色变化，写出反应式。

（2）还原性

在试管中加入 $0.01mol \cdot L^{-1}$ $KMnO_4$ 溶液 1 滴和 $3mol \cdot L^{-1}$ H_2SO_4 溶液 1 滴，再逐滴加入 3％ H_2O_2 溶液，边加边振荡。观察现象，写出反应式。

（3）鉴定

在试管中加入蒸馏水 1mL、$0.1mol \cdot L^{-1}$ $K_2Cr_2O_7$ 溶液 2 滴和 $3mol \cdot L^{-1}$ H_2SO_4 溶液 1 滴，再加入乙醚 5 滴，然后加入几滴 3％ H_2O_2 溶液，振荡，观察乙醚层颜色。静置一段时间，观察水层颜色及有无气体放出，写出反应式。

（4）酸性

往试管中加 0.5mL 40％ NaOH 溶液和 2 滴 3％ H_2O_2 溶液，再加 1mL 无水乙醇以降低生成物的溶解度，振荡，观察反应情况与产物的颜色和状态，写出反应式，并解释。

2. H_2S 的性质

（1）还原性

取 2 支试管，分别加入 $0.1mol \cdot L^{-1}$ $K_2Cr_2O_7$ 溶液 5 滴和 $0.01mol \cdot L^{-1}$ $KMnO_4$ 溶液 5 滴，加 $3mol \cdot L^{-1}$ H_2SO_4 酸化，再分别加数滴 H_2S 溶液，观察现象，写出反应式。

（2）与金属离子的反应

取 6 支试管，分别加 $0.1mol \cdot L^{-1}$ $AgNO_3$、$Pb(NO_3)_2$、$CuSO_4$、$FeSO_4$、$ZnSO_4$ 和 $Cd(NO_3)_2$ 溶液 2～3 滴，滴加 H_2S 饱和溶液，观察各试管中有无沉淀生成，若无沉淀，则继续加 $2mol \cdot L^{-1}$ 氨水至碱性，观察各试管中沉淀的颜色。

3. 亚硫酸（H_2SO_3）的性质

（1）氧化性

取 H_2SO_3 溶液 2mL，滴加 H_2S 溶液，观察现象，写出反应式。

（2）还原性

取 $0.01mol \cdot L^{-1}$ $KMnO_4$ 溶液 10 滴，加 5 滴 $3mol \cdot L^{-1}$ H_2SO_4，再滴加 H_2SO_3 溶液，观察现象，写出反应式。

4. $Na_2S_2O_3$ 的性质

（1）与酸的反应

在试管中加入 $0.1mol \cdot L^{-1}$ $Na_2S_2O_3$ 溶液 5 滴，再逐滴加入 $2mol \cdot L^{-1}$ HCl，观察现象，写出反应式。

（2）还原性

① 在试管中加入 5 滴碘水，再逐滴加入 $0.1mol \cdot L^{-1}$ $Na_2S_2O_3$ 溶液，观察现象，写出反应式。

② 在试管中加入 $0.1mol \cdot L^{-1}$ $Na_2S_2O_3$ 溶液 5 滴，再加入氯水数滴，充分振荡，观察现象，设法证明有 SO_4^{2-} 生成。

③ 生成配离子：在试管中加入 $0.1mol \cdot L^{-1}$ $AgNO_3$ 溶液 3 滴，再逐滴加入 $0.1mol \cdot L^{-1}$ $Na_2S_2O_3$ 溶液，边加边振荡，直至生成的沉淀完全溶解。解释现象，写出反应式。

5. S^{2-}、SO_3^{2-} 和 $S_2O_3^{2-}$ 的鉴别与分离

① 在点滴板上滴入 Na_2S，然后滴入 1％ $Na_2[Fe(CN)_5NO]$，观察溶液的颜色是否出现

紫红色, 出现紫红色说明溶液中含有硫离子。

② 在点滴板上滴入 2 滴饱和硫酸锌, 然后加入 1 滴 $0.1mol \cdot L^{-1}$ $K_4[Fe(CN)_6]$ 和 1 滴 1% $Na_2[Fe(CN)_5NO]$, 并滴加氨水使溶液呈中性, 再滴加 SO_3^{2-} 溶液, SO_3^{2-} 使溶液出现红色沉淀。

③ 在点滴板上滴入 1 滴 $Na_2S_2O_3$ 溶液, 滴加 2 滴 $AgNO_3$, 生成沉淀, 颜色由白→黄→棕→黑, 说明其中含有 $S_2O_3^{2-}$。

④ 取一份 S^{2-}、SO_3^{2-} 和 $S_2O_3^{2-}$ 混合液, 先取出少量溶液鉴定 S^{2-}, 然后在混合液中加入少量 $PbCO_3$ 固体, 充分振荡, 使反应完全, 离心分离弃去沉淀。取 1 滴溶液用 $Na_2[Fe(CN)_5NO]$ 试剂检验 S^{2-} 是否沉淀完全。如不完全, 继续添加 $PbCO_3$ 固体直至 S^{2-} 完全被除去。而后将溶液分成两份, 于溶液中加入少许盐酸, 继续鉴定 SO_3^{2-} 和 $S_2O_3^{2-}$。

【实验结果与数据处理】

按表 18-1 的格式写实验报告, 对观察到的现象进行解释, 写出化学反应方程式。

表 18-1 氧和硫及其化合物的性质实验报告

实验内容	现象	化学反应方程式或解释

【实验注意事项】

1. 硫化氢与二氧化硫都是有毒气体, 在制备和使用过程中要在通风橱内进行操作。

2. 双氧水等过氧化物都是强氧化剂, 对皮肤有腐蚀作用, 使用过程中应注意。

【思考题】

1. 往 $AgNO_3$ 溶液中滴加 $Na_2S_2O_3$ 溶液, 所加的 $Na_2S_2O_3$ 溶液量不同时, 产物是否相同?

2. 如何区别下列几组物质?

A 组: SO_4^{2-} 和 SO_3^{2-} B 组: SO_3^{2-} 和 $S_2O_3^{2-}$ C 组: H_2S 和 SO_2 气体

3. 硫化氢、硫化钠和二氧化硫水溶液长时间放置会有什么变化? 如何判断变化的情况?

【e网链接】

1. http://wenku.baidu.com/view/90b658c758f5f61fb7366658.html

2. http://wenku.baidu.com/view/68d96d1e10a6f524ccbf853c.html

3. http://wenku.baidu.com/view/42c97e95daef5ef7ba0d3c45.html

4. http://wenku.baidu.com/view/f43cd7e8102de2bd9605880b.html

实验 19   氮、磷、碳、硅、硼

【实验目的与要求】

1. 掌握不同氧化态氮化合物的主要化学性质;

2．了解磷酸盐的溶解性和酸碱性；

3．了解二氧化碳的性质及其应用，掌握碳酸盐和酸式碳酸盐在溶液中的转化条件及两种盐的热稳定性；

4．熟悉硅酸盐、硼酸盐及硼砂的主要性质。

【实验原理】

氮和磷是元素周期表中第ⅤA族元素，具有多种氧化态。

亚硝酸属于中强酸，可以用稀酸和亚硝酸盐反应制取，HNO_2 的热稳定性差，仅能存在于冷的水溶液中，其分解产物 N_2O_3 使溶液呈蓝色。N_2O_3 受热时歧化为 NO_2 和 NO：

$$2HNO_2 \longrightarrow N_2O_3 + H_2O \longrightarrow NO_2\uparrow + NO\uparrow + H_2O$$

在亚硝酸及其盐中，氮的氧化态居中（+3），所以它既具有氧化性又具有还原性。例如：

$$2NO_2^- + 2I^- + 4H^+ =\!=\!= 2NO\uparrow + I_2 + 2H_2O$$

$$5NO_2^- + 2MnO_4^- + 6H^+ =\!=\!= 5NO_2 + 2Mn^{2+} + 3H_2O$$

硝酸是强酸和强氧化剂，可将许多非金属单质如C、S、I_2 等氧化成相应的酸或氧化物，而自身被还原为NO。硝酸与金属反应生成硝酸盐时，它被金属还原的程度与它的浓度和金属的活泼性有关。浓硝酸一般被金属还原成 NO_2；稀硝酸与不活泼金属（如Cu）反应，主要被还原为NO；稀硝酸与活泼金属（如Fe、Zn）反应，主要被还原为 NO_2；浓度很小的硝酸与活泼金属反应则主要被还原为 NH_3。例如：

$$4Zn + 10HNO_3(稀) =\!=\!= 4Zn(NO_3)_2 + NH_4NO_3 + 3H_2O$$

NO_3^- 可用"棕色环"法鉴定，在浓硫酸存在下发生下列反应：

$$3Fe^{2+} + NO_3^- + 4H^+ =\!=\!= 3Fe^{3+} + 2H_2O + NO$$

$$NO + FeSO_4 =\!=\!= [Fe(NO)]SO_4 （棕色）$$

NO_2^- 也能与 $FeSO_4$ 生成 $[Fe(NO)]SO_4$ 而干扰 NO_3^- 的鉴定，因此当有 NO_2^- 存在时，须加入 NH_4Cl 并加热以除去 NO_2^-：

$$NO_2^- + NH_4^+ \longrightarrow N_2\uparrow + 2H_2O$$

NO_2^- 与 NO_3^- 不同，它在HAc溶液下便可以与 $FeSO_4$ 生成棕色 $[Fe(NO)]SO_4$，利用这个反应，可以鉴定 NO_2^- 是否存在（检验 NO_3^- 时必须用浓硫酸）。

磷酸是三元中强酸，它能够形成三种磷酸盐。它们在水中的溶解度不同，$Ca(H_2PO_4)_2$ 易溶于水，$CaHPO_4$ 稍溶于水，而 $Ca_3(PO_4)_2$ 难溶于水，但能溶于盐酸。在磷酸的银盐中，正盐的溶解度最小，加 $AgNO_3$ 于磷酸的三种钠盐溶液中，均生成黄色的 Ag_3PO_4 沉淀。P_4O_{10} 粉末溶于冷水，可生成 HPO_3。HPO_3 与 $AgNO_3$ 作用生成白色 $AgPO_3$ 沉淀，区别于正磷酸根。

PO_4^{3-} 的鉴定在过量的 HNO_3 存在下，加入 $(NH_4)_2MoO_4$ 生成黄色的磷钼酸铵沉淀：

$$PO_4^{3-} + 3NH_4^+ + 12MoO_4^{2-} + 24H^+ =\!=\!= (NH_4)_3PO_4\cdot12MoO_3\cdot6H_2O\downarrow + 6H_2O$$

碳、硅、硼都能与氧原子结合形成氧化物或含氧酸及其盐。碳原子半径小，最多只能结合3个氧，且不太稳定。硅、硼原子的半径稍大些，当它们与氧以单键相连时，分别可与4个和3个氧原子键合。借助氧原子的另一根单键，就可以把其他硅或硼原子连接起来，故硅和硼的含氧化合物都是原子型大分子化合物。碳酸和硼酸可用相应的氧化物溶于水得到，也可以像硅酸一样，酸化相应的盐获得。硅酸和硼酸都是原子型大分子化合物。硼酸易溶于热水、微溶于冷水，在制备 H_3BO_3 时，在冷水中方可析出晶体：

$$B_4O_7^{2-}(aq) + 2H^+(aq) + 5H_2O(l) \Longrightarrow 4H_3BO_3(s)$$

因为硼是缺电子原子，故在水溶液中，硼酸不是解离出 H^+，而是与 OH^- 加合，也就是说它不是三元酸，而是一元弱酸：

$$B(OH)_3 + H_2O \Longrightarrow H^+ + B(OH)_4^- \quad K_a = 6.0 \times 10^{-10}$$

同理，配位上多羟基化合物(丙三醇)，其酸性大大增强，例如：

$$B(OH)_3 + 2CH_2OHCHOHCH_2OH \Longrightarrow \begin{bmatrix} H_2C-O & O-CH_2 \\ CHOH & B & CHOH \\ H_2C-O & O-CH_2 \end{bmatrix} + H^+ + 3H_2O$$

硼砂是四硼酸的钠盐，溶于热水，酸化冷却能够得到溶解度较小的白色片状硼酸晶体。在熔融状态时(温度达到 878℃)能"溶解"某些金属氧化物，而显出特征颜色。如"溶解" CoO、NiO、MnO 可以分别得到蓝宝石色、黄色、绿色的硼砂珠，这就是硼砂珠实验。在分析化学中，利用这种性质可以鉴定相应的金属氧化物或离子。

正硅酸(H_4SiO_4)比碳酸的酸性要弱，溶解度不大，但它刚形成时不一定立即沉淀，因为开始生成的是可溶于水的单硅酸，且这些单硅酸还会逐步缩合成硅酸溶胶。若在稀的硅酸溶胶内加入电解质，或者在适当浓度的硅酸盐溶液中加酸，则生成硅酸胶状沉淀（即凝胶）。硅酸凝胶是多硅酸，如果将硅酸凝胶中大部分水脱去，则得到硅酸干胶(即硅胶)。

硅酸钠水解作用明显，在一定条件下分别与二氧化碳、盐酸或氯化铵作用形成硅酸凝胶。其余金属的偏硅酸盐都微溶于水。因此，将可溶性的金属盐颗粒放到 Na_2SiO_3 水溶液中，则生成 $MSiO_3$ 微溶盐的薄膜包围金属盐的颗粒。水渗入膜内，将膜溶胀并溶解金属盐，膜破裂，膜内的金属离子流出膜外与 SiO_3^{2-} 相遇结合成新的半透薄膜。这样重复过程，使得 Na_2SiO_3 水溶液中各种不同颜色的微溶偏硅酸盐如石笋一样慢慢升起，称为"水中花园"。

【仪器、 试剂与材料】

1. 仪器：试管，烧杯，酒精灯，pH 试纸，量筒，导气管。

2. 试剂与材料：KNO_3（$0.1mol \cdot L^{-1}$），H_2SO_4（浓），$NaNO_2$（$0.1mol \cdot L^{-1}$），HAc（$2mol \cdot L^{-1}$），Na_3PO_4（$0.1mol \cdot L^{-1}$）、NaH_2PO_4（$0.1mol \cdot L^{-1}$）、Na_2HPO_4（$0.1mol \cdot L^{-1}$），HNO_3（浓），$AgNO_3$（$0.1mol \cdot L^{-1}$），$CaCl_2$（$0.1mol \cdot L^{-1}$），CO_2（气体），HCl（$6mol \cdot L^{-1}$），$Ca(OH)_2$（液体），$FeCl_3$（$0.2mol \cdot L^{-1}$），$MgCl_2$（$0.1mol \cdot L^{-1}$），Na_2CO_3（$0.1mol \cdot L^{-1}$），Na_2SiO_3（20%），NH_4Cl（饱和溶液），$FeSO_4$（固体），钼酸铵（固体），$CaCl_2$（固体），$Co(NO_3)_2$（固体），$FeCl_3$（固体），$CuCl_2$（固体），硼砂（固体），H_3BO_3（固体），乙醇，甲基橙，甘油，CoO（固体），CuO（固体），Fe_2O_3（固体），石灰水，镍铬丝。

【实验步骤】

1. NO_3^-、NO_2^- 和 PO_4^{3-} 的鉴定

(1) NO_3^- 的鉴定

取 10 滴 $0.1mol \cdot L^{-1}$ KNO_3 于小试管中。加少量 $FeSO_4$ 晶体，振荡使其溶解。将试管倾斜，沿管壁慢慢加入 1 滴管浓 H_2SO_4，切勿摇动。观察浓 H_2SO_4 和试液交界处棕色环的出现。

(2) NO_2^- 的鉴定

取 5 滴 $0.1mol \cdot L^{-1}$ $NaNO_2$ 于小试管中，加数滴 $2mol \cdot L^{-1}$ HAc 酸化。再加少量 $FeSO_4$ 振荡，出现棕色，表示有 NO_2^- 存在。

（3） PO_4^{3-} 的鉴定

在 5 滴 $0.1mol \cdot L^{-1}$ Na_3PO_4（或 NaH_2PO_4、Na_2HPO_4）中加 10 滴浓 HNO_3，再加入 20 滴钼酸铵试剂。微热至 $50 \sim 60℃$，析出黄色沉淀，表示有 PO_4^{3-} 存在。

2．磷酸盐的性质

① 用 pH 试纸分别测出 $0.1mol \cdot L^{-1}$ Na_3PO_4、NaH_2PO_4 和 Na_2HPO_4 的 pH 值，然后分别取此三种溶液 10 滴于试管中。各加 10 滴 $0.1mol \cdot L^{-1}$ $AgNO_3$，观察现象。再次用 pH 试纸测出它们的 pH 值。对比两次的 pH 值，有什么变化？为什么？写出反应方程式。

② 在三支试管中分别加入 10 滴 $0.1mol \cdot L^{-1}$ $CaCl_2$，再分别加入 5 滴 $0.1mol \cdot L^{-1}$ Na_3PO_4、NaH_2PO_4、Na_2HPO_4 溶液，观察各试管中是否有沉淀生成。由实验现象说明磷酸的三种钙盐的溶解度大小。

3．设计实验

① 试用实验证明：浓硝酸能将 S 氧化成 SO_4^{2-}，Zn 能将极稀硝酸中的 NO_3^- 还原为 NH_3。写出所需试剂、实验步骤、现象及有关的反应方程式。

② 现有两瓶溶液 $NaNO_3$ 及 $NaNO_2$，试设法通过实验鉴别它们。

4．二氧化碳和碳酸盐的性质及两种酸根的转化

① 在新配的透明石灰水中通入 CO_2，观察沉淀的生成。再继续通入 CO_2，观察沉淀是否溶解。若溶解将其分成两份进行下面的实验：在一份溶液中加入 $Ca(OH)_2$ 溶液，观察现象；给另一份溶液加热，有何变化？

② 分别取 2 滴 $0.2mol \cdot L^{-1}$ $FeCl_3$、$0.1mol \cdot L^{-1}$ $MgCl_2$、$0.1mol \cdot L^{-1}$ $CaCl_2$ 于三支试管中，然后向各试管加 1 滴 $1mol \cdot L^{-1}$ Na_2CO_3 溶液，观察沉淀的颜色和状态。

5．硅酸及其盐

① 取 10 滴 20% Na_2SiO_3 溶液，测其 pH 值，加入 10 滴饱和 NH_4Cl 溶液，加热并检验逸出的氨气，写出反应方程式。

在 2mL 20% Na_2SiO_3 溶液中，通入 CO_2 并不断搅拌，观察现象，写出反应方程式。

② 微溶性硅酸盐生成"水中花园"。在小烧杯中注入 2/3 体积的 20% Na_2SiO_3 溶液，分别取一小粒 $CaCl_2$、$Co(NO_3)_2$、$FeCl_3$、$CuCl_2$ 晶体投入杯中，记住它们的位置，半小时后，观察现象。

实验结束后，立即洗净烧杯。

6．硼酸的制备、性质及鉴定

① 取半勺硼砂晶体放入试管中，加水 3mL，加热使之溶解。用 pH 试纸测其 pH 值。稍冷后，加入 20 滴浓 H_2SO_4，用流动的自来水冷却后，观察硼酸晶体的析出，离心分出清液，保留晶体。

② 取自制的 H_3BO_3 晶体放在蒸发皿中，加几滴浓硫酸和 2mL 乙醇，混匀后点燃，观察火焰呈现的颜色。

③ 取少量 H_3BO_3 固体溶于 2mL 蒸馏水中，测定其 pH 值。在溶液中加 1 滴甲基橙，观察溶液的颜色。将溶液分成两份，一份留作比较。在另一份中加几滴甘油振荡，观察颜色的变化。

④ 硼砂珠实验。用 $6mol \cdot L^{-1}$ HCl 溶液把顶端弯成小圈的镍铬丝处理干净。用烧红的镍

铬丝蘸上一些研细的硼砂固体，在氧化焰上灼烧，熔成透明的圆珠。用烧红的硼砂珠蘸取钴盐溶液，再进行灼烧，趁热在氧化焰或还原焰上观察硼砂珠的颜色。冷却后再观察颜色有何变化。用相同的方法实验铜、铁、铬、镍盐的硼砂珠颜色。

【实验结果与数据处理】

按表 19-1 的格式写实验报告，对观察到的现象进行解释，写出化学反应方程式。

表 19-1 氮、磷、碳、硅、硼的化合物实验报告

实验内容	现　象	化学反应方程式或解释

【实验注意事项】

1. 做"水中花园"实验时，烧杯应静置 $1\sim2h$，在此期间不要摇动烧杯。

2. 制备硅酸凝胶时，应该向水玻璃中滴加盐酸，不可反滴。

【思考题】

1. 由于 NH_4^+ 对 K^+ 的鉴定有干扰，如何从 NH_4^+ 和 K^+ 的混合液中除去 NH_4^+？

2. 实验室中磨口玻璃器皿为什么能用来储存酸液，而不能用来储存碱液？

3. 如何区别 Na_2CO_3、Na_2SiO_3 和 $Na_2B_4O_7$？

4. 为什么能用硼砂珠鉴定金属氧化物和盐类？能否用硼酸代替硼砂？

【e 网链接】

1. http：//wenku. baidu. com/view/f0adcf7602768e9951e738a0. html

2. http：//baike. so. com/doc/5573687. html

3. http：//www. docin. com/p-408907838. html

4. http：//www. doc88. com/p-280601162408. html

实验 20　常见阴离子的分离与鉴定

【实验目的与要求】

1. 理解常见阴离子的有关性质，学会并掌握它们的鉴别反应以及离子检出的基本操作；

2. 进一步培养观察实验和分析现象的能力；

3. 运用所学元素及化合物的基本知识，设计实验步骤进行常见阴离子的分离和鉴别。

【实验原理】

各种阴离子的化学性质互不相同，当多种阴离子存在于同一溶液中时，就可能产生相互作用，不能共存。例如具有氧化性的 MnO_4^-、ClO_2^- 和 NO_2^- 等离子不能与具有还原性的 S^{2-}、I^-、AsO_3^{3-}、SO_3^{2-} 和 $S_2O_2^{2-}$ 等离子共存。

首先根据各种阴离子的钡盐、银盐的溶解度不同以及阴离子的氧化还原性的不同，设计阴离子的消去反应：其一是 $AgNO_3$ 实验、$BaCl_2$ 实验等的沉淀反应；其二是氧化性实验和

还原性实验。然后再结合溶液的酸碱性予以设计。综合上述分析结果选择恰当的鉴别方法对可能存在的阴离子进行验证。最后为避免误检和漏检，可按同样的操作步骤，用蒸馏水做空白实验或用已知试液做对照实验。

1. 基于各种阴离子氧化还原性、酸碱性的差异鉴定混合阴离子的常用方法

（1）将试样制成碱性溶液

将试样制成碱性溶液，以避免生成气体逸出、发生氧化还原反应以及价态的变化。

① 将试样与 Na_2CO_3 共热，通过复分解反应，使阴离子转入溶液中，重金属阳离子生成难溶氢氧化物、碳酸盐、碱式碳酸盐沉淀而除去。

② 应注意的是：较强碱性下，某些两性金属离子会被带入；某些难溶试样中的阴离子转化不完全；由于样品处理中已加入 Na_2CO_3，故必须取原溶液鉴定 CO_3^{2-}。

（2）与稀 H_2SO_4 作用

在试液中加稀 H_2SO_4 并加热，有气泡产生（如 CO_3^{2-}、SO_3^{2-}、S^{2-}、NO_2^-、$S_2O_3^{2-}$、CN^- 等），根据气泡的气味、颜色及其他性质，可以初步判断含有哪些阴离子。

① SO_2：有刺激性气味，能使 $K_2Cr_2O_7$ 溶液变为绿色，可能含有 SO_3^{2-} 或 $S_2O_3^{2-}$；

② CO_2：无色、无味气体，可使 $Ba(OH)_2$ 溶液变浑，可能含有 CO_3^{2-}；

③ NO_2：红棕色气体，能使 KI 析出 I_2，可能含有 NO_2^-；

④ H_2S：臭鸡蛋味，并使湿润的 $Pb(Ac)_2$ 试纸变黑，可能含有 S^{2-}；

⑤ HCN：剧毒气体，有苦杏仁气味，能使苦味酸试纸产生红斑，可能含有 CN^-。

注意：若试样为液体且温度较低，虽含有上述阴离子，但加酸后不一定有气泡产生。

（3）与 $AgNO_3$、稀 HNO_3 作用

试液中加 $AgNO_3$，生成沉淀，然后用稀 HNO_3 酸化，仍有沉淀，表示可能含有 Cl^-、Br^-、I^-、S^{2-}、$S_2O_3^{2-}$ 等。根据沉淀颜色可以进一步判断是何种阴离子。

（4）与 $BaCl_2$ 溶液作用

在中性或弱碱性溶液中，生成白色沉淀，表示可能含有 SO_4^{2-}、SO_3^{2-}、PO_4^{3-}、SiO_3^{2-} 等，$S_2O_3^{2-}$ 浓度较大（$>4.5g \cdot L^{-1}$）时才有沉淀。

（5）加氧化性试剂 $KMnO_4$

在酸化的试液中加 1 滴 0.03% $KMnO_4$，紫色褪去，表明含有 Cl^-、Br^-、I^-、S^{2-}、$S_2O_3^{2-}$、SO_3^{2-}、NO_2^- 等。

（6）加 KI 溶液和 CCl_4

在酸化的试液中加 KI 溶液和 CCl_4，若振荡后 CCl_4 层显紫色（I_2），则含有氧化性阴离子（如 NO_2^-）。

2. 阴离子的分析特性

① 易挥发性：如 CO_3^{2-}、S^{2-}、$S_2O_3^{2-}$、SO_3^{2-} 与酸作用会产生挥发性的气体。

② 氧化还原性：如 NO_3^-、NO_2^-、BrO_3^- 等具有氧化性；I^-、S^{2-}、$S_2O_3^{2-}$、SO_3^{2-} 等具有还原性。

③ 形成配合物的性质：如 PO_4^{3-}、I^-、$S_2O_3^{2-}$ 等可与一些阳离子形成配合物。

【仪器、 试剂与材料 】

1. 仪器：普通试管，离心试管，离心机，点滴板，酒精灯。

2. 试剂与材料：H_2SO_4（$2.0mol \cdot L^{-1}$，浓），HNO_3（$2.0mol \cdot L^{-1}$，$6.0mol \cdot L^{-1}$，浓），

HCl（2.0mol·L^{-1}，6.0mol·L^{-1}，浓），HAc（6.0mol·L^{-1}），NaOH（2.0mol·L^{-1}，6.0mol·L^{-1}），NH$_3$·H$_2$O（2.0mol·L^{-1}，6.0mol·L^{-1}，浓），Na$_2$S（0.1mol·L^{-1}），Na$_2$SO$_3$（0.1mol·L^{-1}），Na$_2$S$_2$O$_3$（0.1mol·L^{-1}），Na$_3$PO$_4$（0.1mol·L^{-1}），NaCl（0.1mol·L^{-1}），KBr（0.1mol·L^{-1}），KI（0.1mol·L^{-1}），KNO$_3$（0.1mol·L^{-1}），NaNO$_2$（0.1mol·L^{-1}），Na$_2$SO$_4$（0.1mol·L^{-1}），AgNO$_3$（0.1mol·L^{-1}），KMnO$_4$（0.01mol·L^{-1}），BaCl$_2$（0.1mol·L^{-1}），ZnSO$_4$（饱和溶液），氯水，Na$_2$[Fe(CN)$_5$NO]（1%），K$_4$[Fe(CN)$_6$]（0.1mol·L^{-1}），碘-淀粉试液，CCl$_4$，(NH$_4$)$_2$CO$_3$（12%），(NH$_4$)$_2$MoO$_4$（0.1mol·L^{-1}），(NH$_4$)$_2$CO$_3$（饱和溶液），H$_2$O$_2$（3%），Ba(OH)$_2$（0.1mol·L^{-1}），碘水，淀粉溶液（0.2%），对氨基苯磺酸，α-萘胺，阴离子混合液（已知，未知），PbCO$_3$（固体），FeSO$_4$（固体），Zn粉，Pb(Ac)$_2$ 试纸，pH 试纸。

【实验步骤】

1. 阴离子的个别鉴定反应

（1）S^{2-} 的鉴定

① 于点滴板上滴入 0.1mol·L^{-1}Na$_2$S，然后滴入 1% Na$_2$[Fe(CN)$_5$NO]，如出现紫红色即表示有 S^{2-}。

② 往试管中加入 0.5mL 0.1mol·L^{-1}Na$_2$S 溶液，再加入 0.5mL 2.0mol·L^{-1}HCl，将湿润的 Pb(Ac)$_2$ 试纸悬于试管口，微热，试纸变黑，表示有 S^{2-} 存在。

（2）SO$_3^{2-}$ 的鉴定

在点滴板上滴加 2 滴饱和 ZnSO$_4$，接着加入 1 滴 1% Na$_2$[Fe(CN)$_5$NO]和 1 滴 0.1mol·L^{-1}K$_4$[Fe(CN)$_6$]，然后用 NH$_3$·H$_2$O 调至中性，再滴加 SO$_3^{2-}$ 溶液，生成红色沉淀，表示有 SO$_3^{2-}$ 存在。

（3）S$_2$O$_3^{2-}$ 的鉴定

在点滴板上滴加 1 滴 Na$_2$S$_2$O$_3$，然后加入 2 滴 AgNO$_3$，沉淀颜色由白色→黄色→棕色→黑色，即证明有 S$_2$O$_3^{2-}$ 存在。

（4）SO$_4^{2-}$ 的鉴定

在离心试管里加 3～5 滴 Na$_2$SO$_4$，加入 1 滴 1mol·L^{-1}BaCl$_2$ 后进行离心分离，于沉淀中加入 3～5 滴 6.0mol·L^{-1}HCl，沉淀不溶解则表示有 SO$_4^{2-}$ 存在。

（5）PO$_4^{3-}$ 的鉴定

取少量 0.1mol·L^{-1}Na$_3$PO$_4$ 溶液于试管中，加入 10 滴浓硝酸，再加入 20 滴钼酸铵试剂，微热至 40～50℃，即可观察到黄色沉淀生成。

（6）Cl$^-$ 的鉴定

取 2 滴 0.1mol·L^{-1}NaCl 溶液于洁净试管中，加入 1 滴 2.0mol·L^{-1}HNO$_3$，再加 2 滴 0.1mol·L^{-1}AgNO$_3$，观察沉淀的颜色。离心沉降后，弃去上层清液，向沉淀中加入数滴 6.0mol·L^{-1}氨水，观察沉淀溶解。然后再加入 6.0mol·L^{-1}HNO$_3$ 酸化，又有白色沉淀析出，表示有 Cl$^-$ 存在。

（7）Br$^-$ 的鉴定

取 2 滴 0.1mol·L^{-1}KBr 溶液于洁净试管中，加入 1 滴 2.0mol·L^{-1}H$_2$SO$_4$ 和 5～6 滴 CCl$_4$，然后逐滴加入新配制的氯水，边加边摇，若 CCl$_4$ 层出现棕色至黄色，则表示有 Br$^-$ 存在。

（8）I^- 的鉴定

取 2 滴 0.1mol·L^{-1} KI 溶液于洁净试管中，加入 1 滴 2.0mol·L^{-1} H_2SO_4 和 5～6 滴 CCl_4，然后逐滴加入新配制的氯水，边加边摇，若 CCl_4 层出现紫色，则表示有 I^- 存在。加入过量氯水，紫色又褪去，这是因为碘生成无色 IO_3^- 且重新返回水相。

（9）NO_3^- 的鉴定（棕色环实验）

取 1mL 0.1mol·L^{-1} KNO_3 溶液于洁净试管中，加入 1～2 小粒 $FeSO_4$ 晶体，振荡溶解后，沿试管壁滴加 5～10 滴浓 H_2SO_4，观察浓 H_2SO_4 和溶液两个液面交界处有无棕色环出现。

（10）NO_2^- 的鉴定

取 1 滴 0.1mol·L^{-1} $NaNO_2$ 溶液于洁净试管中，滴加 6.0mol·L^{-1} HAc 酸化，再加对氨基苯磺酸和 α-萘胺溶液各 1 滴，溶液立即显红色，表示有 NO_2^- 存在。

此法适用于检验少量的 NO_2^-，若 NO_2^- 浓度过大，则溶液的粉红色会很快褪去，而生成黄色溶液或褐色沉淀。

（11）CO_3^{2-} 的鉴定

取 2 滴饱和$(NH_4)_2CO_3$ 溶液于洁净试管中，加入 2 滴 2.0mol·L^{-1} H_2SO_4，产生的气体可以使 $Ba(OH)_2$ 水溶液变浑，表示有 CO_3^{2-} 存在。

2. 设计实验

（1）已知阴离子混合液的分离与鉴定

① 在试管中加入 0.1mol·L^{-1} NaCl、KBr、KI 溶液各 2 滴，设计实验步骤对 Cl^-、Br^-、I^- 进行分离并鉴定。

② 在试管中加入 0.1mol·L^{-1} Na_2S、Na_2SO_3、$Na_2S_2O_3$ 溶液各 3 滴，设计实验步骤先将 S^{2-} 分离出去，再对各离子分别进行鉴定。

（2）未知阴离子混合液分析

领取一份可能含有 SO_4^{2-}、SO_3^{2-}、CO_3^{2-}、PO_4^{3-}、S^{2-}、$S_2O_3^{2-}$、Cl^-、Br^-、I^-、NO_2^- 等离子的混合液，设计分析方案，进行初步实验；根据初步实验的结果，再自行设计分离和鉴定实验方案，进一步验证混合液中含有哪些阴离子。画出分离鉴定流程图，记录实验现象，写出有关的鉴别反应方程式及结论。

【实验结果与数据处理】

按表 20-1 的格式完成实验报告，对观察到的现象进行解释，写出化学反应方程式。

表 20-1　常见阴离子的分离与鉴定实验报告

实验内容	现象	化学反应方程式或解释

【实验注意事项】

1. 为避免由于试剂、蒸馏水、容器、反应条件和操作方法等因素引起的误检和漏检现象，应进行空白实验和对照实验。

2. 一定要安全操作，防止中毒等事故发生。

【思考题】

1. 现有 5 瓶无色溶液，可能是 $AgNO_3$、$Na_2S_2O_3$、$NaNO_2$、KI、稀 H_2SO_4，不用其他试剂，只利用它们之间的反应，分别把它们鉴别出来。

2. 画出分离并鉴定 I^-、CO_3^{2-}、$S_2O_3^{2-}$、PO_4^{3-} 混合离子的流程图。

3. 在氧化还原性实验中，以稀 HNO_3 代替稀 H_2SO_4 作酸化试液是否可以？以稀 HCl 代替稀 H_2SO_4 是否可以？以浓 H_2SO_4 作酸化试液是否可以？

4. 在一份含有若干阴离子的无色溶液中，加入 $AgNO_3$ 产生白色沉淀，加入氨水仍留有白色沉淀，试推断可能含有哪些阴离子？

【e 网链接】

1. http：//www.doc88.com/p-237794316773.html

2. http：//wenku.baidu.com/view/9dc162e4524de518964b7d24.html

3. http：//wenku.baidu.com/view/e42a0943336c1eb91a375d5e.html

4. http：//wenku.baidu.com/view/8df20dc46137ee06eff918fa.html

实验 21　碱金属和碱土金属

【实验目的与要求】

1. 掌握碱金属和碱土金属单质及重要化合物的性质；

2. 学会使用焰色反应鉴别碱金属和碱土金属离子的方法；

3. 通过实验比较碱土金属氢氧化物和盐类的溶解性。

【实验原理】

元素周期表第ⅠA族元素称为碱金属，价电子层结构为 ns^1；元素周期表第ⅡA族元素称为碱土金属，价电子层结构为 ns^2。这两族元素是元素周期表中最典型的金属元素，化学性质非常活泼，其单质都是强还原剂。

1. s 区元素的单质

s 区元素的单质是活泼的轻金属。s 区元素的原子半径大，价电子数少。由于 s 区元素的单质中金属键强度较弱，所以碱金属的密度小、熔点和硬度低。例如钾、钠可以浮在水上，可用刀切割；铯的熔点为 28.8℃，比人体温度低。

2. s 区元素的氢氧化物

s 区元素的氢氧化物中除 LiOH 为中强碱外，碱金属氢氧化物都是易溶的强碱。其中氢氧化钠是工业上的"两碱"之一，因其对皮肤、玻璃、陶瓷等有浸蚀作用，又称为"苛性碱"。实验室熔碱操作中要使用银制或铁(镍)制坩埚。

碱土金属氢氧化物的碱性小于碱金属氢氧化物，在水中的溶解度也较小，都能从溶液中沉淀析出。其中 $Be(OH)_2$ 为两性氢氧化物，可以溶于酸形成 Be^{2+}，也可以溶于强碱形成 $[Be(OH)_4]^{2-}$。碱土金属其他元素的氢氧化物为中强碱，可以溶于铵盐水溶液。

由于铍是活泼的金属，氢氧化铍为两性，故单质铍也可以与强碱反应，并置换出氢气：

$$Be + 4OH^- \!\!=\!\!= (BeO_2)^{2-} + H_2 \uparrow$$

3. s区元素的盐类

碱金属元素的离子极化力小，变形性也小，因此碱金属的多数化合物为离子型化合物，易溶于水，难于发生配位反应，只有少数几种难溶盐，可利用它们的难溶性来鉴定 K^+、Na^+。

在碱土金属盐中，硝酸盐、卤化物、醋酸盐易溶于水；碳酸盐、草酸盐等难溶。可利用难溶盐的生成和溶解性差异来鉴定 Mg^{2+}、Ca^{2+}。

4. 焰色反应

s区元素的外层电子比较活跃，在光的照射下，外层电子可以逸出而导电，可用于制造光电管；在热的作用下，外层电子可以在原子能级间跃迁，从而发出不同波长的特征焰色，即焰色反应。

【仪器、试剂与材料】

1. 仪器：烧杯，试管，小刀，镊子，坩埚，坩埚钳，离心机，蓝色钴玻璃。

2. 试剂与材料：钠，钾，镁条，H_2SO_4（2mol·L^{-1}），$KMnO_4$（0.01mol·L^{-1}），酚酞试剂，$MgCl_2$（0.5mol·L^{-1}），$CaCl_2$（0.5mol·L^{-1}），$BaCl_2$（0.5mol·L^{-1}），NaOH（2mol·L^{-1}，6mol·L^{-1}），HCl（6mol·L^{-1}），NH_3·H_2O（0.5mol·L^{-1}），NH_4Cl（饱和溶液），NaCl（0.5mol·L^{-1}，1mol·L^{-1}），KCl（0.5mol·L^{-1}，1mol·L^{-1}），$CaCl_2$（1mol·L^{-1}），$SrCl_2$（1mol·L^{-1}），Na_2SO_4（0.5mol·L^{-1}），$CaSO_4$（饱和溶液），$K_2Cr_2O_7$（0.5mol·L^{-1}），HAc（2mol·L^{-1}），HCl（2mol·L^{-1}，6mol·L^{-1}），六羟基锑酸钾（饱和溶液），酒石酸氢钠（饱和溶液），pH试纸，滤纸，砂纸。

【实验步骤】

1. 钠、钾、镁的性质

（1）钠、镁与空气中氧的作用

① 用镊子取一小块金属钠，用滤纸吸干其表面的煤油，用小刀切去表面的氧化膜，切绿豆大的小块金属钠，观察新鲜表面的颜色及变化，置于坩埚中加热（可以在玻璃皿中加热吗？为什么?）。当钠开始燃烧时，立即停止加热。观察反应现象和产物的颜色、状态。

冷却后，往坩埚中加入 2mL 蒸馏水使产物溶解，然后把溶液转移到一支试管中，用pH试纸测定溶液的酸碱性。接着，加入 5 滴 2mol·L^{-1} H_2SO_4 酸化后，再滴加 1～2 滴 0.01mol·L^{-1} $KMnO_4$ 溶液，观察紫色是否褪去。由此说明水溶液中是否有 H_2O_2，从而推知钠在空气中燃烧是否有 Na_2O_2 生成。写出以上有关反应方程式。

② 取一小段镁条（3cm 左右），用砂纸擦去表面的氧化物，观察新鲜表面的颜色。用坩埚钳夹住镁条的一端，点燃后立即离开火焰，观察燃烧情况和产物的颜色。按照实验 1（1）①中的实验步骤检验产物的水溶解性、酸碱性和氧化性。

（2）钠、钾、镁与水的作用

用镊子取一小块金属钾和金属钠，用滤纸吸干其表面的煤油，切去表面的氧化膜，切绿豆大的小块金属，立即将它们分别放入盛水的烧杯中。可将事先准备好的大小合适的漏斗倒扣在烧杯上，以确保安全。观察金属钾、钠与水反应的实验现象，并进行比较。反应完毕后，滴入 1～2 滴酚酞试剂，检验溶液的酸碱性。根据反应进行的剧烈程度，说明钠、钾的金属活泼性。记录实验现象，写出反应式。

取一小段镁条（约 3cm），用砂纸擦去表面的氧化物，放入一支试管中，加入少量冷水，观察有无反应。然后将试管加热，观察反应情况。加入几滴酚酞试剂检验水溶液的酸碱性，写出反应式、现象和解释。

2. 镁、钙、钡的氢氧化物的溶解性

① 在三支试管中，分别加入 0.5mL 0.5mol·L^{-1} MgCl$_2$、CaCl$_2$、BaCl$_2$ 溶液，再各加入 0.5mL 新配制的 2mol·L^{-1} Na$_2$OH 溶液，观察沉淀的生成。然后把得到的每一种沉淀都分成两份，分别加入 6mol·L^{-1} HCl 溶液和 6mol·L^{-1} NaOH 溶液，观察沉淀是否溶解，写出反应方程式。

② 在试管中加入 0.5mL 0.5mol·L^{-1} MgCl$_2$ 溶液，再加入等体积 0.5mol·L^{-1} NH$_3$·H$_2$O，观察沉淀的颜色和状态。继续往有沉淀的试管中加入饱和 NH$_4$Cl 溶液，观察现象。写出反应方程式。

3. 镁、钙、钡的硫酸盐的溶解性

在三支试管中，分别加入 1mL 0.5mol·L^{-1} 的 MgCl$_2$、CaCl$_2$、BaCl$_2$ 溶液，然后分别加入 1mL 0.5mol·L^{-1} Na$_2$SO$_4$ 溶液，观察实验现象。

如果在 MgCl$_2$ 和 CaCl$_2$ 溶液中加入 Na$_2$SO$_4$ 溶液无沉淀生成，则可以用玻璃棒摩擦试管壁，再观察有无沉淀生成。分别检验所得沉淀与浓硫酸的作用，记录实验现象，并写出相关反应方程式。

再取两支试管，分别加入 1mL 0.5mol·L^{-1} CaCl$_2$ 和 BaCl$_2$ 溶液，再各加入几滴饱和 CaSO$_4$ 溶液，观察沉淀生成的情况。

根据以上实验现象，比较 MgSO$_4$、CaSO$_4$ 和 BaSO$_4$ 的溶解度大小。

4. 钙、钡的铬酸盐的生成和性质

取两支试管，分别加入 0.5mL 0.5mol·L^{-1} CaCl$_2$、BaCl$_2$ 溶液，再各加入数滴 0.5mol·L^{-1} K$_2$Cr$_2$O$_7$ 溶液，观察生成沉淀的颜色和状态。

分别实验沉淀与 2mol·L^{-1} HAc 和 2mol·L^{-1} HCl 溶液的反应，写出反应方程式。

5. 钾、钠微溶盐的生成

(1) 微溶性钠盐

在试管中加入 1mL 0.5mol·L^{-1} NaCl 溶液，接着加入 0.5mL 饱和六羟基锑酸钾溶液。如果无晶体析出，则可以用玻璃棒摩擦试管壁，然后放置一段时间。观察产物的颜色和状态，写出相关反应方程式。

(2) 微溶性钾盐

在试管中加入 1mL 0.5mol·L^{-1} KCl 溶液，接着加入 0.5mL 饱和的酒石酸氢钠溶液。如果无晶体析出，则可以用玻璃棒摩擦试管壁，然后放置一段时间。观察产物的颜色和状态，写出相关反应方程式。

6. 碱金属、碱土金属元素的焰色反应

取一根铂丝(或镍铬丝)，铂丝的尖端弯成小环状，蘸 6mol·L^{-1} HCl 溶液在氧化焰中灼烧片刻，再浸入盐酸中，再灼烧，如此重复直至火焰无色。依照此法，分别蘸取 1mol·L^{-1} NaCl、KCl、CaCl$_2$、SrCl$_2$、BaCl$_2$ 溶液在氧化焰中灼烧，观察火焰的颜色。每进行完一种溶液的焰色反应后，均需蘸浓盐酸溶液灼烧铂丝(或镍铬丝)，烧至火焰无色后，再进行新的溶液的焰色反应。观察钾盐的焰色时，为消除钠对钾焰色的干扰，一般需用蓝色钴玻璃片滤光后观察。

【实验结果与数据处理】

按表21-1的格式写实验报告，对观察到的现象进行解释，写出化学反应方程式。

表21-1　碱金属和碱土金属单质及重要化合物的性质实验报告

实验内容	现象	化学反应方程式或解释

【实验注意事项】

1. 金属钠、钾遇水会发生剧烈的化学反应，甚至引起爆炸，此外钠和钾也会被空气中的氧气氧化，密度较小，因此通常保存在煤油中。

2. 观察钾的焰色反应时，要用蓝色钴玻璃观察。

3. 在微溶性钠盐的实验中，应该在弱碱性条件下进行反应(因六羟基锑酸也可形成沉淀)。

4. 自制六羟基锑酸钾：在饱和氢氧化钾溶液中逐滴加入五氯化锑，加热。当有少量白色沉淀不再溶解时，立即停止加入五氯化锑。静置，放冷后，上层清液为六羟基锑酸钾。

【思考题】

1. 若实验室中发生镁燃烧的事故，可否用水或二氧化碳来灭火？应用何种方法灭火？

2. 钡盐有毒，为何检查人体消化器官疾病时通过服用钡餐进行X射线透射造影？

3. 在切割金属钾和钠的过程中要注意什么？

【e网链接】

1. http：//www.doc88.com/p-9425498658706.html

2. http：//www.cnki.com.cn/Article/CJFDTotal-GZHA201011089.htm

3. http：//www.docin.com/p-107371092.html

4. http：//www.doc88.com/p-913959730549.html

实验22　铬、锰、铁、钴、镍

【实验目的与要求】

1. 掌握铬和锰的主要氧化数化合物的重要性质以及它们之间相互转化的条件；

2. 实验并掌握二价铁、钴、镍的还原性和三价铁、钴、镍的氧化性；

3. 实验并掌握铁、钴、镍的配合物的生成和Fe^{2+}、Fe^{3+}、Co^{2+}、Ni^{2+}的鉴定方法；

【实验原理】

1. 铬的化学性质

铬在自然界中主要以铬铁矿$[Fe(CrO_2)_2]$的形式存在。从铬铁矿中提取铬的过程：高温下用碱分解矿石，经过浸渍、还原、酸化、焙烧，可以得到氧化物，然后再利用还原法得到金属。铬是最硬的金属，同时具有良好的抗腐蚀性和金属光泽。铬单质的表面容易生成致密的氧化膜而降低活性，在空气中或水中都相当稳定。去掉氧化膜的铬，在常温下能缓慢溶解在稀盐酸和稀硫酸中，形成蓝色的 Cr^{2+}，Cr^{2+} 与空气接触，很快被氧化成紫色的 Cr^{3+}。在酸性溶液中 Cr^{2+} 具有很强的还原性，能从酸性水溶液中还原出氢气。

铬以氧化数为 +3 和 +6 的化合物较常见。氧化数为 +3 的铬的化合物中 $Cr(OH)_3$ 表现出明显的两性。Cr^{3+} 可以形成很多重要的配合物，如 $CrCl_3 \cdot 6H_2O$ 有三种颜色不同的配合物：

$$[Cr(H_2O)_6]Cl_3 \qquad [Cr(H_2O)_4Cl]Cl_2 \cdot 2H_2O \qquad [Cr(H_2O)_4Cl_2]Cl \cdot 2H_2O$$

蓝紫色   蓝绿色   灰绿色

氧化数为 +6 的铬的含氧酸盐在酸性溶液中具有很强的氧化性。其中 $K_2Cr_2O_7$ 在高温下溶解度大，低温下的溶解度小，容易通过重结晶的方法提纯，且 $K_2Cr_2O_7$ 不容易潮解，又不含结晶水，常用作化学分析中的基准物质。在铬酸盐的溶液中加入酸，溶液由黄色变为橙红色；向重铬酸盐中加入碱，溶液由橙色变为黄色。这是因为铬酸盐或重铬酸盐溶液存在着平衡，即可以强烈地缩合成多酸盐，在酸性更强的溶液中还可以形成三铬酸根等。

2. 锰的氧化还原性

锰的主要氧化数有 +2(Mn^{2+})、+3(Mn^{3+})、+4(MnO_2)、+6(K_2MnO_4)、+7($KMnO_4$)，其中以 +2、+4 和 +7 的化合物最重要。锰的氧化物及其水合物酸碱性的递变规律：随着锰的氧化数升高，碱性逐渐减弱，酸性逐渐增强。Mn^{2+} 较稳定，不易被氧化，也不易被还原；在碱性溶液中 $Mn(OH)_2$ 不稳定，容易被空气中的氧气氧化为 $MnO(OH)_2$（水合二氧化锰）。在酸性溶液中 $KMnO_4$ 是强氧化剂，如：

$$Mn^{2+} + 2OH^- =\!\!=\!\!= Mn(OH)_2（白色）$$

$$2Mn(OH)_2 + O_2 =\!\!=\!\!= 2MnO(OH)_2（棕色）$$

$$4MnO_4^- + 4H^+ =\!\!=\!\!= 4MnO_2 + 3O_2 + 2H_2O（未加入还原剂）$$

所以久置的 $KMnO_4$ 溶液中（未加入还原剂），会有 MnO_2 生成。

3. 铁系元素

铁系元素位于元素周期表的 d 区第 Ⅷ 族，包括铁、钴、镍三种元素，是同一周期的相邻元素，具有相似的原子结构[Ar]$3d^{6\sim8}4s^2$，三种元素的物理性质和化学性质非常相似，在自然界中常共生。铁系元素的单质是中等活泼的金属，可以从非氧化性酸中置换出氢气（Co 反应较慢）。冷、浓硝酸可使铁、钴、镍变成钝态，因此可以用铁制品储运浓硝酸。金属铁可以被浓碱溶液侵蚀，而钴和镍在强碱中的稳定性比铁高，因此实验室在熔融碱性物质时，最好用镍坩埚。

铁、钴、镍均能形成氧化数为 +2 和 +3 的有色氧化物，此外，铁还能形成混合价态氧化物 Fe_3O_4。铁、钴、镍的氧化数为 +2 和 +3 的氧化物均能溶于强酸，而不溶于水和碱，为碱性氧化物。M_2O_3 的氧化能力按铁→钴→镍顺序递增，而稳定性递减。

在铁系元素形成的盐中卤化物、硝酸盐和硫酸盐都非常容易溶于水，这些阳离子水合时，不仅有能量的改变，而且颜色也发生相应变化。如 Fe^{2+} 由白色→蓝绿色，Co^{2+} 由蓝色→粉红色，Ni^{2+} 由黄色→亮绿色。

铁系元素的盐从水溶液中结晶析出时，多形成含结晶水的晶体，并且随着结晶水量的不同，颜色也呈现多种变化，如：

$$CoCl_2 \cdot 6H_2O \underset{}{\overset{\sim 52℃}{=\!=\!=}} CoCl_2 \cdot 2H_2O \underset{}{\overset{\sim 90℃}{=\!=\!=}} CoCl_2 \cdot H_2O \underset{}{\overset{\sim 120℃}{=\!=\!=}} CoCl_2$$

铁系元素的阳离子还可以形成很多的配合物，并呈现出不同的颜色，可以用于分析鉴定。

【仪器、 试剂与材料】

1. 仪器：离心机，试管，离心试管，烧杯，酒精灯。

2. 试剂与材料：MnO_2(固体)，$KMnO_4$(固体)，KOH(固体)，$KClO_3$(固体)，H_2SO_4(1mol·L^{-1}，6mol·L^{-1}，浓)，HCl(2mol·L^{-1}，浓)，NaOH(2mol·L^{-1}，6mol·L^{-1}，40%)，HAc(2mol·L^{-1})，$K_2Cr_2O_7$(0.1mol·L^{-1}，饱和溶液)，K_2CrO_4(0.1mol·L^{-1})，$KMnO_4$(0.01mol·L^{-1})，KI(0.1mol·L^{-1}，0.5mol·L^{-1})，$NaNO_2$(0.1mol·L^{-1})，$MnSO_4$(0.1mol·L^{-1})，NH_4Cl(2mol·L^{-1})，Na_2SO_3(0.1mol·L^{-1})，Na_2S(0.1mol·L^{-1})，H_2S(饱和溶液)，$BaCl_2$(0.1mol·L^{-1})，$Pb(NO_3)_2$(0.1mol·L^{-1})，$AgNO_3$(0.1mol·L^{-1})，HNO_3(6mol·L^{-1})，氨水(6mol·L^{-1}，浓)，$(NH_4)_2Fe(SO_4)_2$(固体，0.1mol·L^{-1})，$CoCl_2$(0.1mol·L^{-1})，$NiSO_4$(0.1mol·L^{-1})，KCl(0.5mol·L^{-1}，饱和溶液)，$K_4[Fe(CN)_6]$(0.5mol·L^{-1})，$FeCl_3$(0.2mol·L^{-1})，KSCN(固体，0.5mol·L^{-1})，H_2O_2(3%)，无水乙醇，氯水(饱和溶液)，碘水，四氯化碳，戊醇，乙醚，木条，淀粉-碘化钾试纸，冰。

【实验步骤】

1. 铬的化合物的重要性质

(1) 铬(Ⅵ)的氧化性

在试管中加入1mL 0.1mol·L^{-1} $K_2Cr_2O_7$溶液，然后滴入数滴0.5mol·L^{-1} KCl溶液，观察溶液颜色的变化。(如果现象不明显，该怎么处理?)写出反应方程式[保留溶液供下面实验步骤1(3)用]。

(2) 铬(Ⅵ)的缩合平衡

取1mL 0.1mol·L^{-1} $K_2Cr_2O_7$溶液，用pH试纸检验其酸碱性。然后加入适量0.1mol·L^{-1} $AgNO_3$溶液，观察反应现象，写出主要的反应方程式。

再次测试溶液的pH值，并检验生成的沉淀可否溶解于6mol·L^{-1} HNO_3(如何进行实验操作?)。

(3) 氢氧化铬(Ⅲ)的两性

在实验步骤1(1)保留的Cr^{3+}溶液中，逐滴加入适量的6mol·L^{-1} NaOH溶液至生成沉淀，观察沉淀的颜色，写出反应方程式。将得到的沉淀分成两份，分别加入过量2mol·L^{-1} HCl溶液和6mol·L^{-1} NaOH溶液。观察实验现象，写出反应方程式。

(4) 铬(Ⅲ)的还原性

在实验步骤1(3)得到的CrO_2^-溶液中加入3% H_2O_2，(哪一支试管中得到的是CrO_2^-溶液?)水浴加热，观察溶液颜色的变化，写出反应方程式。

(5) 重铬酸盐和铬酸盐的溶解性

取3支试管，分别加入3mL 0.1mol·L^{-1} $K_2Cr_2O_7$溶液，再分别滴加适量的0.1mol·L^{-1} $Pb(NO_3)_2$、0.1mol·L^{-1} $AgNO_3$和0.1mol·L^{-1} $BaCl_2$溶液，观察产物的颜色和状态，比较并解释实验结果，写出反应方程式。

2. 锰的化合物的重要性质

(1) 氢氧化锰的生成和性质

取4支试管，分别加入2mL 0.1mol·L^{-1} $MnSO_4$溶液。在第一支试管中滴加2mol·L^{-1} NaOH溶液至产生沉淀，观察沉淀的颜色。振荡试管，有何变化? 在第二支试管中滴加

$2mol \cdot L^{-1}$ NaOH 溶液，产生沉淀后继续加入过量的氢氧化钠，观察沉淀是否溶解。在第三支试管中滴加 $2mol \cdot L^{-1}$ NaOH 溶液，产生沉淀后迅速加入 $2mol \cdot L^{-1}$ HCl 溶液，观察有何现象发生。在第四支试管中滴加 $2mol \cdot L^{-1}$ NaOH 溶液，产生沉淀后迅速加入 $2mol \cdot L^{-1}$ NH_4Cl 溶液，观察沉淀是否溶解

写出上述有关反应方程式，并总结氢氧化锰的性质。

(2) Mn(Ⅵ)的氧化还原性

取两份少量固体 MnO_2 粉末，在一份 MnO_2 粉末中加入 0.5mL 40% NaOH 和 1mL $0.01mol \cdot L^{-1}$ $KMnO_4$ 溶液，用酒精灯微微加热，观察溶液的颜色变化，写出反应方程式。

在另外一份中加入 0.5mL 饱和 KCl 溶液，用酒精灯微微加热，观察溶液的颜色变化，写出反应方程式。

(3) 硫化锰的生成和性质

往 2mL $0.1mol \cdot L^{-1}$ $MnSO_4$ 溶液中滴加 H_2S 饱和溶液，观察有无沉淀产生。若用 $0.1mol \cdot L^{-1}$ Na_2S 代替 H_2S 溶液，又有何现象？总结硫化锰的性质和生成沉淀的条件。

(4) 二氧化锰的生成和氧化性

往 1mL $0.01mol \cdot L^{-1}$ $KMnO_4$ 溶液中逐滴加入 $0.5mol \cdot L^{-1}$ $MnSO_4$ 溶液，观察生成沉淀的颜色；接着往沉淀中加入过量的 $1mol \cdot L^{-1}$ H_2SO_4 溶液和 $0.1mol \cdot L^{-1}$ Na_2SO_3 溶液，观察沉淀是否溶解，写出有关的反应方程式。

在盛有少量 MnO_2 粉末(绿豆大小)的试管中，加入 2mL 浓 H_2SO_4 后加热，观察反应过程中的现象，有何气体产生？写出反应方程式。

(5) 锰酸钾的生成和性质

在干燥的试管中装入 0.1g 氯酸钾、0.2g 二氧化锰和 0.3g 氢氧化钾粉末，混合均匀后加热熔融，观察产物的颜色。冷却后，加入 5mL 去离子水，使熔块溶解，取少量上层清液，加入 $2mol \cdot L^{-1}$ 醋酸溶液，观察实验现象。继续加入过量的 $6mol \cdot L^{-1}$ NaOH 溶液，观察反应溶液的变化。写出反应方程式。

(6) 高锰酸钾的性质

加热盛有 1g 固体高锰酸钾的试管，观察实验现象。如果有气体产生，检验产生的气体，写出反应方程式(请思考应如何进行实验操作?)。

取三支试管，均加入 0.5mL $0.01mol \cdot L^{-1}$ $KMnO_4$ 溶液与 0.5mL $0.1mol \cdot L^{-1}$ Na_2SO_3 溶液。在第一支试管中加入 0.5mL $1mol \cdot L^{-1}$ H_2SO_4，在第二支试管中加入 0.5mL 水，在第三支试管中加入 0.5mL $6mol \cdot L^{-1}$ NaOH，分别观察三支试管中的实验现象，比较三支试管中的产物有何不同，写出主要反应方程式。

3. 铁(Ⅱ)、钴(Ⅱ)、镍(Ⅱ)的化合物的还原性

(1) 铁(Ⅱ)的还原性

酸性介质：往盛有 0.5mL 饱和氯水的试管中加入 0.5mL $6mol \cdot L^{-1}$ H_2SO_4 溶液，然后滴加 5 滴 $0.1mol \cdot L^{-1}$ $(NH_4)_2Fe(SO_4)_2$ 溶液，观察实验现象，写出反应式。如现象不明显，可加几滴 $0.5mol \cdot L^{-1}$ KSCN 溶液，观察溶液是否出现红色。通过该实验可证明有 Fe^{3+} 生成。

碱性介质：取两支试管，在一支试管中加入 2mL 蒸馏水和 3 滴 $6mol \cdot L^{-1}$ H_2SO_4 溶液，煮沸(以赶尽溶于其中的空气)，然后加入少量 $(NH_4)_2Fe(SO_4)_2$ 晶体(可以在溶液表面滴加 3~4 滴食用油以隔绝空气)。在另一支试管中加入 1mL $6mol \cdot L^{-1}$ NaOH 溶液，煮沸(为什

么?)。冷却后，用一长滴管吸取 $6mol\cdot L^{-1}$ NaOH 溶液，插入 $(NH_4)_2Fe(SO_4)_2$ 酸性溶液内（长滴管插入试管底部），慢慢放出 NaOH 溶液（整个操作都要避免空气带进溶液中，为什么?)，观察产物的颜色和状态。振荡后放置一段时间，观察试管中溶液又有何变化。写出反应方程式。产物留作下面实验用。

（2）钴（Ⅱ）的还原性

往盛有 0.5mL $0.1mol\cdot L^{-1}$ $CoCl_2$ 溶液的试管中加入饱和氯水，观察溶液有何变化。

在盛有 0.5mL $0.1mol\cdot L^{-1}$ $CoCl_2$ 溶液的试管中滴入 $2mol\cdot L^{-1}$ NaOH 溶液，观察沉淀的生成过程。将所得沉淀分为两份，第一份置于空气中，第二份加入新配制的饱和氯水，观察有何变化。第二份留作下面实验用。

（3）镍（Ⅱ）的还原性

用 $0.1mol\cdot L^{-1}$ $NiSO_4$ 溶液按实验步骤 3（2）的实验方法操作，观察实验现象。第二份沉淀留作下面实验用。

4. 铁（Ⅲ）、钴（Ⅲ）、镍（Ⅲ）的化合物的氧化性

① 在上面实验步骤 3（1）、3（2）和 3（3）保留下来的氢氧化铁（Ⅲ）、氢氧化钴（Ⅲ）和氢氧化镍（Ⅲ）沉淀中均加入浓盐酸，充分振荡试管，观察试管中各有何变化，如有气体生成，请用淀粉-碘化钾试纸检验所放出的气体。

② 在实验步骤 4①制得的三氯化铁溶液中加入适量的 $0.1mol\cdot L^{-1}$ 碘化钾溶液，充分反应后，再加入 1mL 四氯化碳，用力振荡试管后静置 3min，观察实验现象，写出主要的反应方程式。

5. 铁系元素配合物的生成和 Fe^{2+}、Fe^{3+}、Co^{2+} 的鉴定方法

（1）铁的配合物

往盛有 1mL $0.5mol\cdot L^{-1}$ $K_4[Fe(CN)_6]$ 溶液的试管里，加入 0.5mL 碘水，摇动试管后，滴入数滴 $0.1mol\cdot L^{-1}$ $(NH_4)_2Fe(SO_4)_2$ 溶液，观察实验现象。

向盛有 1mL 新配制的 $0.1mol\cdot L^{-1}$ $(NH_4)_2Fe(SO_4)_2$ 溶液的试管里加入碘水，摇动试管后，将溶液分成两份，分别加入数滴 $0.5mol\cdot L^{-1}$ KSCN 溶液，然后向其中一支试管中注入约 0.5mL 3% H_2O_2 溶液，观察两支试管中的实验现象，并分析原因，写出主要的反应方程式。

往 1mL $0.2mol\cdot L^{-1}$ $FeCl_3$ 溶液中加入 $0.5mol\cdot L^{-1}$ $K_4[Fe(CN)_6]$ 溶液，观察实验现象，写出反应方程式。

往盛有 0.5mL $0.2mol\cdot L^{-1}$ $FeCl_3$ 的试管中，加入浓氨水直至过量，观察沉淀是否溶解。

（2）钴的配合物

往盛有 1mL $0.1mol\cdot L^{-1}$ $CoCl_2$ 溶液的试管里加入少量的固体硫氰酸钾，观察固体周围的颜色，再加入 0.5mL 戊醇和 0.5mL 乙醚，用力振荡试管后，观察水相和有机相的颜色，写出主要反应方程式[该反应可用来鉴定钴（Ⅱ）离子]。

往 0.5mL $0.1mol\cdot L^{-1}$ $CoCl_2$ 溶液中滴加适量浓氨水，至生成的沉淀刚好溶解为止，静置 5min 后，观察溶液的颜色变化，写出主要反应方程式。

（3）镍的配合物

往 2mL $0.1mol\cdot L^{-1}$ $NiSO_4$ 溶液中加入过量的 $6mol\cdot L^{-1}$ 氨水，立刻观察现象。静置片刻，反应溶液出现何种变化？写出离子反应方程式。把上述溶液分成四份：第一份加 $2mol\cdot L^{-1}$ NaOH 溶液；第二份加 $1mol\cdot L^{-1}$ H_2SO_4 溶液；第三份加水稀释；第四份煮沸。观察四

支试管中有何变化，并比较异同，写出主要的反应方程式。

【实验结果与数据处理】

按表 22-1 的格式写实验报告，对观察到的现象进行解释，写出化学反应方程式。

表 22-1　铬、锰、铁、钴、镍的化合物的重要性质实验报告

实验内容	现象	化学反应方程式或解释

【实验注意事项】

1. 制备 $Fe(OH)_2$ 时，必须细心操作，注意不能引入空气。

2. 实验中所用试剂种类多，在实验操作过程中要注意取用的试剂种类和浓度。

3. 注意试管加热操作的规范性，以免造成事故。

【思考题】

1. 设计实验方案将 Al^{3+}、Fe^{3+}、Cr^{3+} 从混合溶液中分离出来。

2. 在 $KMnO_4$ 溶液中如果含有 MnO_2 或者 Mn^{2+}，对 $KMnO_4$ 溶液的稳定性有无影响？为什么？

3. 举例说明溶液的 pH 值对高锰酸钾氧化性的影响。

4. 试从配合物的生成对电极电势的影响来解释为什么 $[Fe(CN)_6]^{4-}$ 能把 I_2 还原成 I^-，而 Fe^{2+} 则不能。

【e 网链接】

1. http：//hxzx. jlu. edu. cn/lab/2jiaoxue/xiangmu/chem/114. htm

2. http：//www. docin. com/p-418712093. html

3. http：//wenku. baidu. com/view/8bd8ed2158fb770bf78a559e. html

4. http：//wenku. baidu. com/view/395cbcbf1a37f111f1855b33. html

实验 23　铜、银、锌、镉、汞

【实验目的与要求】

1. 掌握铜、锌氢氧化物的酸碱性；

2. 掌握铜、银、锌、汞配合物的生成和性质；

3. 掌握铜、银、锌、汞离子的分离与鉴定方法。

【实验原理】

1. ⅠB 元素

ⅠB 元素包括 Cu、Ag 和 Au，它们的简单阳离子具有 18e 构型，具有 +1、+2、+3 三种氧化数。ⅠB 元素的简单阳离子可以与某些易变形的阴离子产生强烈的极化作用，因此ⅠB 元素的化合物中化学键的共价成分较高，在水中的溶解度较小，热稳定性差。

① ⅠB 元素的氧化数为 +3 的氢氧化物中 $Cu(OH)_3$ 和 $Au(OH)_3$ 是两性氢氧化物，在酸性溶液中以 MO^+ 形式存在，在碱性溶液中以 MO_2^- 形式存在，具有很强的氧化性。$Ag(OH)_3$ 是碱性氢氧化物，极不稳定。

② ⅠB 元素的氧化数为 +2 的氢氧化物中 $Au(OH)_2$ 和 $Ag(OH)_2$ 是碱性氢氧化物，但非常不稳定，容易失水。$Cu(OH)_2$ 呈现微弱的两性，可溶于过量的强碱溶液：

$$Cu(OH)_2 + 2OH^- \Longrightarrow [Cu(OH)_4]^{2-}$$

$Cu(OH)_2$ 在加热时易脱水而分解为黑色的 CuO。Cu^{2+} 的可溶性盐溶液与碳酸钠反应生成碱式碳酸铜，但在水溶液中加热时，容易分解为 CuO 和 CO_2。

$Cu(OH)_2$ 的强碱溶液 $[Cu(OH)_4]^{2-}$ 与葡萄糖在加热条件下反应，有暗红色的 Cu_2O 沉淀析出。该反应在有机化学中用来检验某些糖的存在，在医学上常用于检验糖尿病。

$$2[Cu(OH)_4]^{2-} + \underset{\text{(葡萄糖)}}{C_6H_{12}O_6} \xrightarrow{\triangle} Cu_2O\downarrow + \underset{\text{(葡萄糖酸)}}{C_6H_{12}O_7} + 2H_2O + 4OH^-$$

Cu^{2+} 具有氧化性，与 I^- 反应所得产物不是 CuI_2，而是白色的 CuI：

$$2Cu^{2+} + 4I^- \Longrightarrow I_2 + 2CuI\downarrow（白色）$$

将 $CuCl_2$ 溶液与铜屑混合，加入浓盐酸，加热可得黄褐色 $[CuCl_2]^-$ 的溶液。将溶液稀释，得白色 $CuCl$ 沉淀：

$$Cu + Cu^{2+} + 4Cl^- \Longrightarrow 2[CuCl_2]^-$$

$$[CuCl_2]^- \xrightarrow{\text{稀释}} Cl^- + CuCl\downarrow（白色）$$

③ ⅠB 元素的一价化合物。Cu 和 Au 的一价阳离子在酸性溶液中不稳定，会发生歧化反应。Cu_2O 在碱性溶液中比较稳定。$[Cu(H_2O)_6]^+$ 为无色，其水溶液很不稳定，容易歧化为 Cu^{2+} 和 Cu。在水溶液中 Cu(Ⅱ) 比 Cu(Ⅰ) 稳定，但是有配合剂或者沉淀剂存在时，Cu(Ⅰ) 的稳定性提高。

在 Ag^+ 的溶液中加入 NaOH 溶液，由于生成的 AgOH 极不稳定，因此析出的沉淀是 Ag_2O。AgOH 在常温下极易脱水而转化为棕色的 Ag_2O。Ag^+ 是中等强度的氧化剂，可以被许多中强或强还原剂还原为单质银。这类反应也称为银镜反应，工业上利用这类反应来制作镜子或在暖水瓶的夹层内镀银：

$$2[Ag(NH_3)_2]^+ + C_6H_{12}O_6 + 2OH^- \longrightarrow 2Ag\downarrow + C_6H_{12}O_7 + 4NH_3 + H_2O$$

Ag^+ 与 $Cr_2O_7^{2-}$ 或 CrO_4^{2-} 反应都生成 Ag_2CrO_4 沉淀，该沉淀可在足量的氨水中形成配离子。可以利用此性质进行 Ag^+ 和 Ba^{2+} 的分离：

$$Ag_2CrO_4 + 4NH_3 \longrightarrow 2[Ag(NH_3)_2]^+ + CrO_4^{2-}$$

Ag^+ 与少量 $S_2O_3^{2-}$ 溶液反应生成 $Ag_2S_2O_3$ 白色沉淀，放置片刻后，沉淀由白色转变为黄色、棕色最后为黑色 Ag_2S，反应方程式如下：

$$2Ag^+ + S_2O_3^{2-}（适量）\longrightarrow Ag_2S_2O_3\downarrow（白色）\xrightarrow{\text{放置}} Ag_2S\downarrow（黑色）$$

当加入过量 $S_2O_3^{2-}$ 时，$Ag_2S_2O_3$ 溶解生成 $[Ag(S_2O_3)_2]^{3-}$ 配离子：

$$Ag_2S_2O_3 + 3S_2O_3^{2-}（过量）\Longrightarrow 2[Ag(S_2O_3)_2]^{3-}$$

2. ⅡB 元素

Zn^{2+} 和 Cd^{2+} 的溶液中加入强碱，都生成氢氧化物，但 $Zn(OH)_2$ 是两性氢氧化物，而 $Cd(OH)_2$ 是碱性氢氧化物。

Hg(Ⅰ) 和 Hg(Ⅱ) 的氢氧化物极易脱水而转变为黑色的 Hg_2O(Ⅰ) 和黄色的 HgO(Ⅱ)。

在 Zn^{2+}、Cd^{2+} 和 Hg^{2+} 的溶液中分别通入硫化氢，观察生成的硫化物沉淀的颜色和状态。CdS 是黄色沉淀，实验室中通常用该法进行 Cd^{2+} 的鉴定。

易形成配合物是ⅠB 和ⅡB 元素的特性，Cu^{2+}、Ag^{+}、Zn^{2+}、Cd^{2+} 与过量的氨水反应时分别生成$[Cu(NH_3)_4]^{2+}$、$[Ag(NH_3)_2]^{+}$、$[Zn(NH_3)_4]^{2+}$、$[Cd(NH_3)_4]^{2+}$。但是 Hg^{2+} 和 Hg_2^{2+} 与过量氨水反应时，如果没有大量的 NH_4^+ 存在，并不生成氨配离子。如：

$$HgCl_2 + 2NH_3 = NH_4Cl + Hg(NH_2)Cl \downarrow （白色）$$

$$Hg_2Cl_2 + 2NH_3 = Hg(NH_2)Cl \downarrow （白色）+ Hg \downarrow （黑色）+ NH_4Cl（观察为灰色）$$

3. ⅠB 和ⅡB 元素卤化物的溶解性

AgCl 难溶于水，但可利用形成配合物而使之溶解：

$$AgCl + 2NH_3 = [Ag(NH_3)_2]^{+} + Cl^{-}$$

HgI_2 难溶于水，但易溶于过量 KI 中，形成四碘合汞(Ⅱ)配离子：

$$HgI_2 + 2I^{-} = [HgI_4]^{2-}$$

Hg_2I_2 与过量 KI 反应时，发生歧化反应，生成$[HgI_4]^{2-}$和 Hg：

$$Hg_2I_2 + 2I^{-} = [HgI_4]^{2-} + Hg \downarrow （黑色）$$

4. 离子鉴定

(1) Cu^{2+} 的鉴定（弱酸性或中性介质）

$$2Cu^{2+} + [Fe(CN)_6]^{4-} = Cu_2[Fe(CN)_6] \downarrow （红棕色）$$

$$Cu_2[Fe(CN)_6] + 8NH_3 = 2[Cu(NH_3)_4]^{2+} + [Fe(CN)_6]^{4-}$$

(2) Ag^{+} 的鉴定

$$Ag^{+} + Cl^{-} = AgCl（白色）$$

$$AgCl + 2NH_3 \cdot H_2O = [Ag(NH_3)_2]Cl + 2H_2O$$

$$[Ag(NH_3)_2]Cl + 2HNO_3 = AgCl \downarrow + 2NH_4NO_3$$

(3) Zn^{2+} 的鉴定

① 中性或弱酸性介质下：

$$Zn^{2+} + Hg(SCN)_4^{2-} = Zn[Hg(SCN)_4]（白色）$$

② 碱性介质下：

(4) Hg^{2+} 的鉴定

$$2HgCl_2 + SnCl_2 = SnCl_4 + Hg_2Cl_2 \downarrow （白色）$$

$$Hg_2Cl_2 + SnCl_2 = SnCl_4 + 2Hg \downarrow （黑色）$$

【仪器、试剂与材料】

1. 仪器：试管，酒精灯，点滴板，离心机。

2. 试剂与材料：$CuSO_4$（$0.2mol \cdot L^{-1}$），NaOH（$6mol \cdot L^{-1}$，$2mol \cdot L^{-1}$，40%），葡萄糖溶液（10%），H_2SO_4（$3mol \cdot L^{-1}$，$2mol \cdot L^{-1}$），$NH_3 \cdot H_2O$（浓，$2mol \cdot L^{-1}$），$AgNO_3$（$0.1mol \cdot L^{-1}$），HCl（$6mol \cdot L^{-1}$，浓），HNO_3（$2mol \cdot L^{-1}$，浓），$Hg(NO_3)_2$（$0.1mol \cdot L^{-1}$），$Hg_2(NO_3)_2$（$0.1mol \cdot L^{-1}$），$ZnSO_4$（$0.1mol \cdot L^{-1}$），$CdSO_4$（$0.1mol \cdot L^{-1}$），Na_2S（$1mol \cdot L^{-1}$），$Na_2S_2O_3$（$0.5mol \cdot L^{-1}$），NaCl（$0.1mol \cdot L^{-1}$），NaBr（$0.1mol \cdot L^{-1}$），NaI

（0.1mol•L^{-1}），KI（0.1mol•L^{-1}），NH$_4$Cl（0.1mol•L^{-1}），王水。

【实验步骤】

1. 氧化物的生成与性质

（1）Cu$_2$O 的生成与性质

在试管中先加入 2mL 0.2mol•L^{-1}CuSO$_4$ 溶液，再加入过量的 6mol•L^{-1}NaOH 至生成的沉淀溶解；然后加入 2mL 10％葡萄糖溶液（必要时可加热），离心分离并洗涤沉淀。将所得沉淀分成两份，在其中一份中加入 2mL 3mol•L^{-1}H$_2$SO$_4$，观察实验现象；在另外一份中加入 3mL 浓氨水，振荡后静置 5min，观察沉淀是否溶解。写出相应的反应方程式。

（2）Ag$_2$O 的生成与性质

在试管中加入 1mL 0.1mol•L^{-1}AgNO$_3$ 溶液，然后滴加适量新配制的 2mol•L^{-1}NaOH 至生成沉淀，振荡并观察生成物的颜色和状态。离心分离上述混合物后，用去离子水洗涤沉淀一次，并将沉淀分成两份，分别与 2mL 2mol•L^{-1}HNO$_3$ 溶液和 2mL 2mol•L^{-1}NH$_3$•H$_2$O 溶液反应，观察现象并写出反应方程式。（尝试加入过量 2mol•L^{-1}NH$_3$•H$_2$O 溶液，观察实验现象。）

（3）HgO 的生成与性质

在两支试管中分别加入 1mL 0.1mol•L^{-1}Hg（NO$_3$）$_2$ 溶液、0.1mol•L^{-1}Hg$_2$（NO$_3$）$_2$ 溶液，向两支试管中都滴加 2mol•L^{-1}NaOH 溶液至过量，比较实验现象，写出主要反应方程式。

2. 氢氧化物的生成与性质

① 在三支试管中各加入 1mL 0.2mol•L^{-1}CuSO$_4$ 溶液和 5 滴 6mol•L^{-1}NaOH 溶液，观察沉淀的颜色。

在第一支试管中加入 1mL 2mol•L^{-1}H$_2$SO$_4$ 溶液，向第二支试管中加过量的 6mol•L^{-1}NaOH 溶液，第三支试管加热至沸腾，观察各试管中的现象，写出反应方程式。

② 在两支试管中分别加入少量 0.1mol•L^{-1}ZnSO$_4$、0.1mol•L^{-1}CdSO$_4$ 溶液，然后分别加入适量 2mol•L^{-1}NaOH 溶液至生成沉淀，观察每个试管中沉淀的颜色，继续加入过量的 2mol•L^{-1}NaOH 溶液，观察沉淀是否溶解，写出反应方程式。

3. 硫化物的生成与性质

取 5 支试管，依次加入 2mL 0.2mol•L^{-1}CuSO$_4$、0.1mol•L^{-1}AgNO$_3$、0.1mol•L^{-1}Hg（NO$_3$）$_2$、0.1mol•L^{-1}ZnSO$_4$、0.1mol•L^{-1}CdSO$_4$，然后各滴加 0.5mL 1mol•L^{-1}Na$_2$S 溶液，观察试管中沉淀的生成和颜色。将所得的每一种沉淀分成四份，分别滴加 6mol•L^{-1}稀盐酸、浓盐酸、浓硝酸、王水（在点滴板上操作），观察沉淀的溶解情况，将观察到的现象填入表 23-2 中，并写出相应的反应方程式。

4. 配合物的生成与性质

（1）Ag 的配合物

在试管中加入 0.5mL 0.1mol•L^{-1}AgNO$_3$ 溶液和 0.5mL 0.1mol•L^{-1}NaCl 溶液，观察沉淀的颜色。将沉淀分成两份，一份沉淀中加入浓氨水，另一份沉淀中加入 0.5mol•L^{-1}Na$_2$S$_2$O$_3$ 溶液，观察 AgCl 沉淀是否溶解。记录实验现象，写出反应方程式。

以 0.1mol•L^{-1}NaBr 溶液和 0.1mol•L^{-1}NaI 溶液代替实验步骤 4（1）中的 NaCl 溶液，采取同样的实验操作，观察沉淀的生成和溶解。

根据实验结果比较卤化银的性质。

（2）Hg 的配合物

取 5mL 0.1mol·L^{-1}Hg(NO$_3$)$_2$ 溶液，滴加几滴 0.1mol·L^{-1}KI 溶液，观察生成沉淀的颜色，再继续加入过量的 KI 溶液，观察现象并写出化学反应方程式。

在上述实验所得的溶液中加数滴 40% NaOH，即可得到奈斯特试剂。在点滴板上加一滴 0.1mol·L^{-1}氯化铵溶液，再加入 1 滴自制的奈斯特试剂，观察现象，写出主要的反应方程式。

【实验结果与数据处理】

1. 按表 23-1 的格式写实验报告，对观察到的现象进行解释，写出化学反应方程式。

表 23-1　铜、银、锌、镉、汞化合物的生成与性质实验报告

实验内容	现象	化学反应方程式或解释

2. 将金属硫化物的溶解情况填入表 23-2。

表 23-2　金属硫化物的溶解情况

硫化物	产物颜色	稀盐酸	浓盐酸	浓硝酸	王水
硫化铜					
硫化银					
硫化锌					
硫化镉					
硫化汞					

【实验注意事项】

1. 本实验涉及的化合物的种类和颜色较多，需仔细观察。

2. 汞及其化合物有毒性，在做汞的相关实验时要妥善处理实验废液。

3. 注意观察卤化银沉淀的颜色和溶解性，这些性质是卤化银鉴定的特征反应。

【思考题】

1. Cu(Ⅰ)和 Cu(Ⅱ)稳定存在和转化的条件是什么？

2. CuCl$_2$ 浓溶液逐渐加水稀释时，为什么溶液颜色由黄棕色经绿色最后变成蓝色？

3. 在 AgNO$_3$ 溶液中加入 NaOH 溶液为什么得不到 AgOH？

4. 用平衡移动原理说明在 Hg$_2$(NO$_3$)$_2$ 溶液中通入 H$_2$S 气体会生成什么沉淀。

5. 现有 AgNO$_3$、Hg(NO$_3$)$_2$、Hg$_2$(NO$_3$)$_2$ 和 Zn(NO$_3$)$_2$ 的盐溶液，标签混淆，请采用合适、简便的方法进行鉴定，并贴上正确的标签。写出设计过程、实验现象和反应方程式。

【e 网链接】

1. http：//www.doc88.com/p-491332792685.html

2. http：//lab2.ju.edu.cn/ReadNews.asp？NewsID＝264

3. http：//www.doc88.com/p-3953907410538.html

4. http：//wenku. baidu. com/view/97b9e97d5acfa1c7aa00ccff. html

实验 24　常见阳离子的分离与鉴定

【实验目的与要求】
1. 巩固和掌握重要金属元素单质及其化合物的性质；
2. 掌握常见阳离子混合液的分离和检出方法；
3. 巩固离子鉴定的实验操作。

【实验原理】
离子的分离与鉴定是以各离子对试剂的不同反应为依据的。这种反应常伴随着特殊的现象，如沉淀的生成或溶解、特殊颜色的出现、气体的产生等。被检测离子与试剂作用的相似性和差异性是离子分离与鉴定的基础，即离子的基本性质是进行分离检出的基础。因而要想掌握离子分离检出的方法就要熟悉离子的基本性质。

离子的分离和检出是在一定条件下进行的。所谓一定的条件主要是指溶液的酸碱性、反应物的浓度、反应温度、促进或干扰反应的物质是否存在等条件。为使反应向预期的方向进行，就必须选择适当的反应条件。

离子混合液中各组分若对鉴定反应不产生干扰，便可以利用特征反应直接鉴定某种离子。若共存的组分彼此干扰，就要选择适当方法消除干扰。通常采用遮掩剂消除干扰，这是一种比较简单、有效的方法。但在很多情况下没有合适的遮掩剂，就需要将彼此干扰的组分分离。沉淀分离是最经典的分离方法，这种方法是向混合溶液中加入沉淀剂，利用形成的化合物溶解度的差异，使被分离组分与干扰组分分离。常用的沉淀剂有 HCl、H_2SO_4、$NaOH$、$NH_3 \cdot H_2O$、$(NH_4)_2CO_3$ 及 $(NH_4)_2S$。由于元素周期表中位置相邻的元素在化学性质上表现出相似性，因此一种沉淀剂往往可以使化学性质相似的元素同时产生沉淀，这种沉淀剂称为产生沉淀的元素的组试剂。组试剂将元素划分为不同的组，逐渐达到分离的目的。

【仪器、 试剂与材料】
1. 仪器：试管，烧杯，离心机，离心试管，电热炉，点滴板，试管架，玻璃棒。
2. 试剂与材料：离子混合溶液(含 Ag^+、Hg^{2+}、Pb^{2+}、Cu^{2+}、Fe^{3+}、Al^{3+} 和 Ba^{2+} 七种离子，均为 $0.05mol \cdot L^{-1}$ 的硝酸盐)，$HCl(2mol \cdot L^{-1}$，$6mol \cdot L^{-1}$，浓)，$H_2SO_4(2mol \cdot L^{-1}$，$6mol \cdot L^{-1})$，$HNO_3(6mol \cdot L^{-1}$，浓)，$HAc(2mol \cdot L^{-1}$，$6mol \cdot L^{-1})$，$NaOH(2mol \cdot L^{-1}$，$6mol \cdot L^{-1})$，$NH_3 \cdot H_2O(6mol \cdot L^{-1})$，$NaCl(1mol \cdot L^{-1})$，$KCl(1mol \cdot L^{-1})$，$KI(1mol \cdot L^{-1})$，$MgCl_2(0.5mol \cdot L^{-1})$，$CaCl_2(0.5mol \cdot L^{-1})$，$BaCl_2(0.5mol \cdot L^{-1})$，$AlCl_3(0.5mol \cdot L^{-1})$，$SnCl_2(0.5mol \cdot L^{-1})$，$Pb(NO_3)_2(0.5mol \cdot L^{-1})$，$HgCl_2(0.2mol \cdot L^{-1})$，$CuCl_2(0.5mol \cdot L^{-1})$，$CuSO_4(0.2mol \cdot L^{-1})$，$AgNO_3(0.1mol \cdot L^{-1})$，$Cd(NO_3)_2$ $(0.2mol \cdot L^{-1})$，$ZnSO_4(0.2mol \cdot L^{-1})$，$Na_2S(0.5mol \cdot L^{-1}$，$1mol \cdot L^{-1}$，$2mol \cdot L^{-1})$，$KSb(OH)_6$(饱和溶液)，$NaHC_4H_4O_6$(饱和溶液)，$NaAc(0.2mol \cdot L^{-1}$，$1mol \cdot L^{-1})$，$K_2CrO_4(1mol \cdot L^{-1}$，$2mol \cdot L^{-1})$，$Na_2CO_3(12\%$，饱和溶液)，$NH_4Cl$(饱和溶液)，$(NH_4)_2C_2O_4$(饱和溶

液)，$K_4[Fe(CN)_6]$（$0.25mol \cdot L^{-1}$，$0.5mol \cdot L^{-1}$），对氨基苯磺酸，镁试剂，铝试剂（0.1%），苯胺，硫脲（5%），$(NH_4)_2[Hg(SCN)_4]$试剂，碳酸钠（固体），锌粉，pH 试纸。

【实验步骤】

1. 碱金属和碱土金属离子的鉴定

（1）Na^+ 的鉴定

在盛有 0.5mL $1mol \cdot L^{-1}$ NaCl 溶液的试管中，加入 0.5mL 饱和六羟基锑（V）酸钾溶液，观察是否有白色沉淀生成。如无沉淀产生，可用玻璃棒摩擦试管内壁，静置片刻。观察现象并写出化学反应方程式。

（2）K^+ 的鉴定

在盛有 0.5mL $1mol \cdot L^{-1}$ KCl 溶液的试管中，加入 0.5mL 饱和酒石酸氢钠溶液，如有白色沉淀生成，则表示有 K^+ 存在。如无沉淀产生，可用玻璃棒摩擦试管内壁，静置片刻。观察现象并写出化学反应方程式。

（3）Mg^{2+} 的鉴定

在盛有 0.5mL $0.5mol \cdot L^{-1}$ $MgCl_2$ 溶液的试管中，滴加 $6mol \cdot L^{-1}$ NaOH 溶液，至生成白色絮状沉淀。然后加入一滴镁试剂，充分搅拌后生成蓝色沉淀，表示有 Mg^{2+} 存在。

（4）Ca^{2+} 的鉴定

在盛有 0.5mL $0.5mol \cdot L^{-1}$ $CaCl_2$ 溶液的离心试管中，滴加 10 滴饱和草酸铵溶液，观察白色沉淀的生成。离心分离，弃清液。观察白色沉淀与 $6mol \cdot L^{-1}$ HAc 溶液和 $2mol \cdot L^{-1}$ HCl 溶液的反应情况，如果该白色沉淀不溶于 $6mol \cdot L^{-1}$ HAc 溶液而溶于 $2mol \cdot L^{-1}$ HCl，则表示有 Ca^{2+} 存在，写出反应方程式。

（5）Ba^{2+} 的鉴定

在盛有 0.5mL $0.5mol \cdot L^{-1}$ $BaCl_2$ 溶液的离心试管中，加入 $2mol \cdot L^{-1}$ HAc 和 $2mol \cdot L^{-1}$ NaAc 各 10 滴，然后滴加 5 滴 $1mol \cdot L^{-1}$ K_2CrO_4，若有黄色沉淀生成，则表示有 Ba^{2+} 存在。写出反应方程式。

2. p 区和 ds 区部分金属离子的鉴定

（1）Al^{3+} 的鉴定

取 0.5mL $0.5mol \cdot L^{-1}$ $AlCl_3$ 溶液于小试管中，加 10 滴水，5 滴 $2mol \cdot L^{-1}$ HAc 及 5 滴 0.1%铝试剂，搅拌后，置于水浴上加热片刻，再加入 10 滴 $6mol \cdot L^{-1}$ 氨水，若有红色絮状沉淀生成，则表示有 Al^{3+} 存在。

（2）Sn^{2+} 的鉴定

取 0.5mL $0.5mol \cdot L^{-1}$ $SnCl_2$ 溶液于小试管中，逐滴加入适量 $0.2mol \cdot L^{-1}$ $HgCl_2$，边加边振荡，若产生的沉淀由白色变为灰色，然后变为黑色，则表示有 Sn^{2+} 存在，写出反应方程式。

（3）Pb^{2+} 的鉴定

取 0.5mL $0.5mol \cdot L^{-1}$ $Pb(NO_3)_2$ 溶液于小试管中，加 5 滴 $1mol \cdot L^{-1}$ K_2CrO_4，若有黄色沉淀产生，在沉淀上滴加数滴 $2mol \cdot L^{-1}$ NaOH 溶液，如果沉淀溶解，则表示有 Pb^{2+} 存在。

（4）Cu^{2+} 的鉴定

取 0.5mL $0.5mol \cdot L^{-1}$ $CuCl_2$ 溶液于小试管中，加 1 滴 $6mol \cdot L^{-1}$ HAc 溶液酸化，再加

1 滴 0.5mol·L^{-1}铁氰化钾溶液，若有红棕色的沉淀产生，则表示有 Cu^{2+} 存在。

（5）Ag$^+$ 的鉴定

取 0.5mL 0.1mol·L^{-1}AgNO$_3$ 溶液于小试管中，加 5 滴 2mol·L^{-1}HCl，产生白色的沉淀，在沉淀中滴加 6mol·L^{-1}氨水至沉淀完全溶解（保留溶液）。然后再用 6mol·L^{-1}HNO$_3$ 溶液酸化上述溶液，如果又产生白色沉淀，则表示有 Ag$^+$ 存在。

（6）Zn^{2+} 的鉴定

取 0.5mL 0.2mol·L^{-1}ZnSO$_4$ 溶液于小试管中，加 5 滴 2mol·L^{-1}HAc 溶液酸化，再加 5 滴硫氰酸汞铵溶液，摩擦试管内壁，如果有白色的沉淀产生，则表示有 Zn^{2+} 存在。

（7）Cd^{2+} 的鉴定

取 0.5mL 0.2mol·L^{-1}Cd(NO$_3$)$_2$ 溶液于小试管中，加 5 滴 2mol·L^{-1}Na$_2$S 溶液，如果有亮黄色的沉淀产生，则表示有 Cd^{2+} 存在。

（8）Hg^{2+} 的鉴定

取 0.5mL 0.2mol·L^{-1}HgCl$_2$ 溶液于小试管中，逐滴加 0.5mol·L^{-1}SnCl$_2$ 溶液，边加边振荡，观察沉淀颜色的变化过程，如果沉淀最后变为灰色，则表示有 Hg^{2+} 存在。

3. 部分混合离子的分离和鉴定

（1）NO$_3^-$ 的鉴定

取 1mL 离子混合溶液于小试管中，加 6mol·L^{-1}HAc 溶液酸化后用玻璃棒取少量锌粉加入试液，振荡，使溶液中的 NO$_3^-$ 还原为 NO$_2^-$。然后加入对氨基苯磺酸与苯胺溶液各一滴，观察现象。

取 2mL 离子混合溶液于试管中，按以下实验步骤进行分离和鉴定。

（2）Fe^{3+} 的鉴定

取 1 滴试液加在白色点滴板的凹穴中，加 1 滴 0.25mol·L^{-1}K$_4$[Fe(CN)$_6$] 溶液，观察沉淀颜色。

（3）Ag$^+$、Pb^{2+} 的分离和鉴定

向余下的溶液中滴加 0.5mL 2mol·L^{-1}HCl，充分振荡，静置片刻，离心沉降，向上层溶液中加 2 滴 2mol·L^{-1}HCl 以检查沉淀是否完全（如果没有沉淀完全，该如何进行实验?）。待沉淀完全后吸出上层清液，编号为溶液 1。用 2mol·L^{-1}HCl 洗涤沉淀，编号为沉淀 1。观察沉淀的颜色，写出反应方程式。

Pb^{2+} 的鉴定：向沉淀 1 中加 1mL 去离子水，在沸水浴中加热 3min，并不时搅动，待沉淀沉降后，趁热取三份 3 滴清液于黑色点滴板上。第一份清液中加入 1 滴 2mol·L^{-1}K$_2$CrO$_4$ 和 1 滴 2mol·L^{-1}HAc；第二份清液中加入 5 滴 2mol·L^{-1}NaOH 溶液；第三份清液中加入 5 滴 6mol·L^{-1}HAc 溶液。观察实验现象，比较异同。取上清液后所余沉淀编号为沉淀 2。

Ag$^+$ 的鉴定：在沉淀 2 中加入少量 6mol·L^{-1}氨水，待沉淀溶解后，再加入适量 6mol·L^{-1}HNO$_3$ 溶液，观察沉淀是否重新生成。并写出反应方程式。

（4）Pb^{2+}、Hg^{2+}、Cu^{2+} 的分离和鉴定

用 6mol·L^{-1}氨水将溶液 1 的酸度调至中性，再加入体积约为此溶液的十分之一的 2mol·L^{-1}HCl 溶液，将溶液的酸度调到 pH＝1。加 0.5mL 5％硫脲，混匀后水浴加热 15min。然后稀释一倍再加热数分钟。静置冷却，离心分离沉淀。用饱和 NH$_4$Cl 溶液洗涤沉淀，所得溶液为溶液 2。

（5）Hg^{2+}、Cu^{2+}、Pb^{2+} 的分离和鉴定

在实验步骤 3(4) 所得沉淀上加 0.5mL 1mol·L^{-1}Na$_2$S 溶液,水浴加热 3min,在加热过程中要注意搅拌。再加 0.5mL6mol·L^{-1}氨水,搅拌均匀后离心分离。沉淀再次使用 Na$_2$S 溶液处理一次,合并清液,并编号为溶液 3。残留的沉淀用饱和 NH$_4$Cl 溶液洗涤后,离心分离,所得沉淀,编号沉淀 3。观察溶液 3 的颜色,讨论反应历程。

Cu^{2+}的鉴定:向沉淀 3 中加入适量浓硝酸,加热搅拌,使之完全溶解,所得溶液编号为溶液 4。用玻璃棒将产物单质 S 弃去。取 5 滴溶液 4 于白色点滴板上,加 1mol·L^{-1}NaAc 和 0.25mol·L^{-1}K$_4$[Fe(CN)$_6$]各 3 滴,观察现象。

Pb^{2+}的鉴定:取 3 滴溶液 4 于黑色点滴板上,加 1mol·L^{-1}NaAc 和 1mol·L^{-1}K$_2$CrO$_4$ 各 2 滴,观察现象(如果没有变化,用玻璃棒摩擦)。

Hg^{2+}的鉴定:向溶液 3 中逐滴加入 6mol·L^{-1}H$_2$SO$_4$,记录滴数。当滴加至 pH=3～5 时,再多加一半滴数的 H$_2$SO$_4$,水浴加热并充分搅拌。离心分离,用少量的水洗涤沉淀。向沉淀中加 10 滴 1mol·L^{-1}KI 和 5 滴 6mol·L^{-1}HCl 溶液,充分搅拌,加热后离心分离。再用 KI 和 HCl 重复处理沉淀。合并两次离心液,往离心液中加 3 滴 0.2mol·L^{-1}CuSO$_4$ 和少许 Na$_2$CO$_3$ 固体,观察实验现象,说明存在哪种离子。

(6) Al^{3+}、Fe^{3+}、Ba^{2+}的分离和鉴定

往溶液 2 中逐滴加入 6mol·L^{-1}氨水溶液至碱性且有沉淀生成,离心分离。把清液转移到另一试管中并编号为溶液 5,沉淀编号为沉淀 4。

Al^{3+}的鉴定:往沉淀 4 中加入 2mol·L^{-1}HAc 溶液和 2mol·L^{-1}NaAc 溶液各 5 滴,再加入 5 滴铝试剂,搅拌后微热,若产生红色沉淀,则表示有 Al^{3+}存在。

Ba^{2+}的鉴定:往溶液 5 中滴加 6mol·L^{-1}H$_2$SO$_4$ 溶液至产生白色沉淀,再过量 3 滴,搅拌片刻,离心分离,弃清液。沉淀用热蒸馏水洗涤,离心分离。在沉淀中加 0.5mL 饱和 Na$_2$CO$_3$ 溶液,搅拌片刻,再加入 2mol·L^{-1}HAc 溶液和 2mol·L^{-1}NaAc 溶液各 5 滴。搅拌片刻,然后加入 3 滴 1mol·L^{-1}K$_2$CrO$_4$ 溶液,若产生黄色沉淀,则表示有 Ba^{2+}存在。

4. 综合设计实验——未知物的鉴别

① 分别盛有 Na$_2$S$_2$O$_3$、Na$_3$PO$_4$、NaCl、Na$_2$S、Na$_2$CO$_3$、Na$_2$SO$_4$ 的试剂瓶标签脱落,请通过实验鉴别。

② 分别盛有 SnCl$_4$、Pb(NO$_3$)$_2$、Na$_2$S、BaCl$_2$、AgNO$_3$、HgCl$_2$ 的盐溶液的试剂瓶标签混淆,请不用其他试剂进行鉴定。

【实验结果与数据处理】

1. 按表 24-1 的格式写实验报告,对观察到的现象进行解释,写出化学反应方程式。

表 24-1 常见阳离子的分离和鉴定实验报告

实验内容	现象	化学反应方程式或解释

2. 请在综合设计实验——未知物的鉴别中画出实验步骤的流程简图,写出主要的实验现象和反应方程式。

【实验注意事项】

1. 实验过程中要注意所取试剂的浓度、用量和种类。

2. 注意观察实验现象和规范地进行实验操作。

3. 在实验过程中如果出现异常实验现象，应积极思考原因，并作出合适的处理。

【思考题】

1. 在未知溶液分析中，当由碳酸盐制备铬酸盐沉淀时，为什么用醋酸溶液溶解碳酸盐沉淀，而不用强酸如盐酸溶解？

2. 将 H_2S 气体通入 $ZnCl_2$ 溶液中时，为什么仅有少量的 ZnS 沉淀析出，而在溶液中加入 NaAc 可以使 ZnS 完全沉淀？

3. 汞盐和亚汞盐的性质有何不同？通过实验你可以得到几种区别它们的方法？

4. 为什么 HNO_3 与过量汞反应的产物是 $Hg_2(NO_3)_2$？

【e 网链接】

1. http：//www. doc88. com/p-31095720860. html

2. http：//www. docin. com/p-306078409. html

3. http：//www. doc88. com/p-9009018353710. html

4. http：//wenku. baidu. com/view/e660ac000740be1e650e9a61. html

第4章 制备与纯化实验

实验 25　由粗食盐制备试剂级氯化钠

【实验目的与要求】

1. 通过沉淀反应，了解提纯氯化钠的原理；
2. 掌握台秤的使用；
3. 练习溶解、减压过滤、蒸发浓缩、结晶、干燥等基本操作；

【实验原理】

粗食盐中含有不溶性杂质（如泥沙等）和可溶性杂质（主要是 Ca^{2+}、Mg^{2+}、K^+ 和 SO_4^{2-}）。不溶性杂质可通过溶解和过滤的方法除去。可溶性杂质可用下列方法除去。在粗食盐中加入稍过量的 $BaCl_2$ 溶液，即可将 SO_4^{2-} 转化为难溶解的 $BaSO_4$ 沉淀而除去：

$$Ba^{2+} + SO_4^{2-} =\!=\!= BaSO_4 \downarrow$$

将溶液过滤，除去 $BaSO_4$ 沉淀，再加入 $NaOH$ 和 Na_2CO_3 溶液，发生下列反应：

$$Mg^{2+} + 2OH^- =\!=\!= Mg(OH)_2 \downarrow$$

$$Ca^{2+} + CO_3^{2-} =\!=\!= CaCO_3 \downarrow$$

$$Ba^{2+} + CO_3^{2-} =\!=\!= BaCO_3 \downarrow$$

粗食盐溶液中的 Mg^{2+}、Ca^{2+} 杂质以及沉淀 SO_4^{2-} 时加入的过量 Ba^{2+} 便相应转化为难溶的 $Mg(OH)_2$、$CaCO_3$ 和 $BaCO_3$ 沉淀，再通过过滤的方法除去。加入的过量 $NaOH$ 和 Na_2CO_3 可以用盐酸中和除去。

少量可溶性杂质（如 KCl）由于含量很少，在蒸发浓缩和结晶过程中仍留在溶液中，不会和 $NaCl$ 同时结晶出来，在最后抽滤时可除去 K^+。

【仪器、试剂与材料】

1. 仪器：台秤，烧杯，玻璃棒，量筒，布氏漏斗，抽滤瓶，循环水真空泵，蒸发皿，试管，水浴锅，酒精灯，铁架台，铁圈，三脚架。

2. 试剂与材料：$HCl(2mol \cdot L^{-1})$，$NaOH(2mol \cdot L^{-1})$，$BaCl_2(1mol \cdot L^{-1})$，$Na_2CO_3$ $(1mol \cdot L^{-1})$，$(NH_4)_2C_2O_4(0.5mol \cdot L^{-1})$，粗食盐，镁试剂，pH 试纸，滤纸。

【实验步骤】

1. 粗食盐的提纯

① 在台秤上称取 5.0g 研细的粗食盐，放入小烧杯中，加约 20mL 蒸馏水，用玻璃棒搅拌，并加热使其溶解。至溶液沸腾时，在搅拌下滴入 1mol·L^{-1}BaCl$_2$ 溶液至沉淀完全（约2mL）。继续加热，使 BaSO$_4$ 颗粒长大而易于沉淀和过滤。为了检验沉淀是否完全，可将烧杯从热源上取下，待沉淀沉降后，在上层清液中加入 1～2 滴 BaCl$_2$ 溶液，观察澄清液中是否还有浑浊现象。如果无浑浊现象，则说明 SO$_4^{2-}$ 已完全沉淀；如果仍有浑浊现象，则需继续滴加 BaCl$_2$，直至上层清液在加入一滴 BaCl$_2$ 后，不再产生浑浊现象为止。沉淀完全后，继续加热至沸，以使沉淀颗粒长大而易于沉降。减压抽滤，滤液移至干净烧杯中。

② 在滤液中加入 1mL 2mol·L^{-1}NaOH 和 3mL 1mol·L^{-1}Na$_2$CO$_3$，加热至沸。待沉淀沉降后，在上层清液中滴加 1mol·L^{-1}Na$_2$CO$_3$ 溶液至不再产生沉淀为止。减压抽滤，滤液移至干净的蒸发皿中。

③ 在滤液中逐滴加入 2mol·L^{-1}HCl，并用玻璃棒蘸取滤液至 pH 试纸上，直至溶液呈微酸性为止 pH 为 4～5（为什么?）。

④ 用水浴（或小火）加热蒸发皿进行蒸发，浓缩至稀粥状的稠液为止，但切不可将溶液蒸发至干（注意防止蒸发皿破裂）。

⑤ 冷却后，将晶体减压抽滤、吸干。将结晶放在蒸发皿中，在石棉网上用小火加热干燥。

⑥ 称出产品的质量，并计算其产率。

2. 产品纯度的检验

取少量(约 1g)提纯前和提纯后的食盐分别用 5mL 蒸馏水加热溶解，然后各盛于三支试管中，组成三组，对照检验它们的纯度。

（1）SO$_4^{2-}$ 的检验

在第一组溶液中，各加入 2 滴 1mol·L^{-1}BaCl$_2$ 溶液，比较沉淀产生的情况，在提纯后的食盐溶液中应该无沉淀产生。

（2）Ca^{2+} 的检验

在第二组溶液中，各加入 2 滴 0.5mol·L^{-1}草酸铵溶液，在提纯后的食盐溶液中无白色难溶的草酸钙沉淀产生。

（3）Mg^{2+} 的检验

在第三组溶液中，各加入 2～3 滴 1mol·L^{-1}NaOH 溶液，使溶液呈碱性（用 pH 试纸检验），再各加入 2～3 滴镁试剂，在提纯的食盐中应无天蓝色沉淀产生。

镁试剂是一种有机染料，它在酸性溶液中呈黄色，在碱性溶液中呈红色或紫色，但被 Mg(OH)$_2$ 沉淀吸附后，则呈天蓝色，因此可以用来检验 Mg^{2+} 的存在。

【实验结果与数据处理】

1. 根据实验结果，计算产率，并填入表 25-1 中。

表 25-1 由粗食盐制备试剂级氯化钠的产率

粗盐/g	产品/g	产率/%

2. 将对产品的检验情况填入表 25-2 中。

表 25-2　试剂级氯化钠产品的检验情况

检验项目	被检溶液	检验方法	实验现象	结论
SO_4^{2-}	1mL 粗 NaCl 溶液	2 滴 1mol·L^{-1}BaCl$_2$		
	1mL 纯 NaCl 溶液			
Ca^{2+}	1mL 粗 NaCl 溶液	2 滴 0.5mol·L^{-1}草酸铵		
	1mL 纯 NaCl 溶液			
Mg^{2+}	1mL 粗 NaCl 溶液	2~3 滴 1mol·L^{-1}NaOH 和 2~3 滴镁试剂		
	1mL 纯 NaCl 溶液			
结论				

【实验注意事项】

1. 将粗食盐溶解时，加水不能太多，否则后面的蒸发需要时间较长。

2. 在用蒸发皿浓缩溶液前，要将蒸发皿外面的液体擦干，以免蒸发皿破裂。

【思考题】

1. 为什么往粗盐溶液中加 BaCl$_2$ 和 Na$_2$CO$_3$ 时，均要加热溶液至沸？

2. 在实验过程中，为什么要先加 BaCl$_2$ 溶液，后加 Na$_2$CO$_3$ 溶液？能否先加 Na$_2$CO$_3$ 溶液？

3. 加盐酸除去 CO$_3^{2-}$ 时，为什么要把溶液的 pH 值调至 4~5？调至恰为中性可以吗？为什么？

4. 在调节 pH 值的过程中，若加入的 HCl 量过多，怎么办？

5. 在浓缩结晶过程中，能否把溶液蒸干？为什么？

6. 提纯粗盐是否还可以选用其他试剂？试设计一个提纯粗盐的方案。

【e 网链接】

1. http://wenku.baidu.com/view/2e40a1bd960590c69ec37668.html

2. http://www.docin.com/p-96603830.html

3. http://www.ed66.com/new/201210/ls201210159342.shtml

4. http://www.doc88.com/p-783447320364.html

实验 26　硝酸钾的制备

【实验目的与要求】

1. 巩固复分解反应的原理，掌握特殊条件下的复分解反应；

2. 练习无机产品制备中常用的减压过滤和热过滤等操作技能；

3. 掌握用重结晶法提纯物质的技术。

【实验原理】

硝酸钾的分子式为 KNO_3，又称为钾硝石，俗称火硝，为无色斜方晶系结晶或白色粉末。硝酸钾的相对分子质量为 101.10，相对密度为 2.109，熔点为 334℃。硝酸钾在大约 400℃ 时分解放出氧气，并转变成亚硝酸钾，继续加热则生成氧化钾。硝酸钾易溶于水，20℃ 时每 100g 水可溶解 31.6g 硝酸钾。硝酸钾溶于液氨和甘油，不溶于无水乙醇和乙醚。

以硝酸钠和氯化钾进行复分解反应可制得硝酸钾，化学反应方程式如下：

$$NaNO_3 + KCl \Longrightarrow KNO_3 + NaCl$$

其原理是：氯化钠的溶解度随温度变化不大，而氯化钾、硝酸钠和硝酸钾在高温时具有较高或很高的溶解度，随着温度的降低氯化钾和硝酸钠的溶解度明显降低，而硝酸钾的溶解度有大幅度降低(见表 26-1)。将一定浓度的硝酸钠和氯化钾混合溶液加热浓缩，当温度达到 118～120℃ 时，硝酸钾的溶解度增大很多，达不到饱和，不析出；而氯化钠的溶解度增大很少，随着溶液的不断浓缩，氯化钠析出。通过热过滤除去氯化钠，将此溶液冷却至室温，即有大量硝酸钾析出，氯化钠仅有少量析出，从而得到硝酸钾粗产品。经重结晶，可得到精产品。

表 26-1　四种盐在水中的溶解度　　　　　单位：g·(100g H_2O)$^{-1}$

盐	温度/℃							
	0	10	20	30	40	60	80	100
KNO_3	13.3	20.9	31.6	45.8	63.9	110.0	169.0	246.0
KCl	27.6	31.0	34.0	37.0	40.0	45.5	51.1	56.7
$NaNO_3$	73.0	80.0	88.0	96.0	104.0	124.0	148.0	180.0
NaCl	35.7	35.8	36.0	36.3	36.6	37.3	38.4	39.8

【仪器、试剂与材料】

1. 仪器：热过滤漏斗，布氏漏斗，抽滤瓶，循环水真空泵，酒精灯，台秤，烧杯，量筒，石棉网，温度计，玻璃棒，普通漏斗。

2. 试剂与材料：$NaNO_3$(固体)，KCl(固体)，$AgNO_3$(0.1mol·L^{-1})，HNO_3(6mol·L^{-1})，滤纸。

【实验步骤】

1. 硝酸钾的制备

称取 10g 硝酸钠和 8.5g 氯化钾固体，倒入 100mL 烧杯中，加入 20mL 蒸馏水。将盛有原料的烧杯放在石棉网上用酒精灯加热，并不断搅拌，至烧杯内固体全部溶解，记下烧杯中液面的位置。当溶液沸腾时用温度计测量溶液此时的温度，并记录。继续加热并不断搅拌溶液，当加热至杯内溶液剩下原有体积的 2/3 时，已有氯化钠析出，趁热进行热过滤，或快速减压抽滤(布氏漏斗需在热水中或烘箱中预热)。滤液冷却，有大量硝酸钾析出，减压抽滤，尽量抽干，称量 KNO_3 的质量 m_1。保留 0.2g 粗产品用于检验，其余重结晶。

2. 硝酸钾的重结晶

按粗产品：水＝2:1(质量比)将粗产品溶于蒸馏水中，加热，搅拌，待晶体全部溶解后停止加热。待溶液冷却至室温后抽滤，得到纯度较高的硝酸钾晶体，称量 KNO_3 的质量 m_2。

3. 产品纯度检验

分别取绿豆粒大小的粗产品和精产品放入两支小试管中，各加入 2mL 蒸馏水配成溶液，各滴加 1 滴 $6mol \cdot L^{-1}$ 硝酸酸化。在溶液中分别滴入 $0.1mol \cdot L^{-1}$ 硝酸银溶液 2 滴，观察现象，进行对比，重结晶后的产品溶液应为澄清。若重结晶后的产品中仍然检验出氯离子，则产品应再次重结晶。

【实验结果与数据处理】

将实验结果填入表 26-2 中。

表 26-2　产品报告

项目	理论值	粗产品	精产品
产品外观			
产量/g			
产率/%			
产品纯度①			

① 产品纯度以 NaCl 定性检验结果表示，以"明显"、"微量"、"无"等表示。

【实验注意事项】

1. 在硝酸钾制备时，要严格控制加水量和水的蒸发量。

2. 热过滤要迅速。如果热过滤失败，不必从头做起，只要把滤液、漏斗中的固体全部回收到小烧杯中，加一定量的水重新加热溶解即可。

3. 在硝酸钾重结晶时要严格控制加水量。

【思考题】

1. $NaNO_3$ 和 KCl 的水溶液中有 Na^+、NO_3^-、K^+、Cl^- 四种离子，可组成四种可溶性的盐，不符合复分解反应的条件，而本实验为什么又能得到 KNO_3？

2. 实验中第一次固-液分离为什么需要热过滤？

3. 将热过滤后的滤液冷却时，KCl 能否析出？为什么？

4. 如果实验中制得的 KNO_3 不纯，杂质是什么？如何将其提纯？

【e 网链接】

1. http：//wenku. baidu. com/view/9bbe8c0002020740be1e9b9b. html

2. http：//wenku. baidu. com/view/4b66bc00a6c30c2259019e7f. html

3. http：//www. doc88. com/p-814902379900. html

4. http：//www. docin. com/p-36

实验 27　硫酸亚铁铵的制备

【实验目的与要求】

1. 了解复盐的一般特性；

2. 学习复盐 $(NH_4)_2SO_4 \cdot FeSO_4 \cdot 6H_2O$ 的制备方法；

3. 熟练掌握水浴加热、过滤、蒸发、结晶等基本无机制备操作；

4. 练习用目视比色法检验产品质量等级的方法。

【实验原理】

硫酸亚铁铵[$(NH_4)_2SO_4 \cdot FeSO_4 \cdot 6H_2O$]的商品名为莫尔盐，为浅蓝绿色单斜晶体。一般亚铁盐在空气中易被氧化，而硫酸亚铁铵在空气中比一般亚铁盐要稳定，不易被氧化，并且价格低，制造工艺简单，容易得到较纯净的晶体，因此应用广泛。在定量分析中其常用来配制亚铁离子的标准溶液。

和其他复盐一样，$(NH_4)_2SO_4 \cdot FeSO_4 \cdot 6H_2O$ 在水中的溶解度比组成它的每一组分 $FeSO_4$ 和 $(NH_4)_2SO_4$ 的溶解度都要小。利用这一特点，可通过蒸发浓缩 $FeSO_4$ 与 $(NH_4)_2SO_4$ 溶于水所制得的浓混合溶液制取硫酸亚铁铵晶体。三种盐的溶解度数据列于表 27-1。

表 27-1　三种盐的溶解度　　　　　　　　　单位：$g \cdot (100g\ H_2O)^{-1}$

温度/℃	$FeSO_4 \cdot 6H_2O$	$(NH_4)_2SO_4$	$(NH_4)_2SO_4 \cdot FeSO_4 \cdot 6H_2O$
0	15.6	70.6	17.8
10	20.5	73.0	18.1
20	26.5	75.4	21.2
30	32.9	78.0	24.5
50	48.6	84.5	31.3

本实验先将铁粉溶于稀硫酸生成硫酸亚铁溶液：

$$Fe + H_2SO_4 =\!=\!= FeSO_4 + H_2 \uparrow$$

再往硫酸亚铁溶液中加入硫酸铵并使其全部溶解，加热浓缩制得的混合溶液，再冷却即可得到溶解度较小的硫酸亚铁铵晶体：

$$FeSO_4 + (NH_4)_2SO_4 + 6H_2O =\!=\!= (NH_4)_2SO_4 \cdot FeSO_4 \cdot 6H_2O$$

用目视比色法可估计产品中所含杂质 Fe^{3+} 的量。Fe^{3+} 与 SCN^- 能生成红色物质 $[Fe(SCN)_n]^{3-n}$，红色的深浅与 Fe^{3+} 的浓度相关。反应可用下式表示：

$$Fe^{3+} + nSCN^- =\!=\!= [Fe(SCN)_n]^{3-n} \quad (n = 1 \sim 6)$$

将所制备的硫酸亚铁铵晶体与 KSCN 溶液在比色管中配制成待测溶液，将它所呈现的红色与所配制成的含一定量 Fe^{3+} 的标准 $[Fe(SCN)]^{2+}$ 溶液的红色进行比较，确定待测溶液中杂质 Fe^{3+} 的含量范围，确定产品级别。

【仪器、试剂与材料】

1. 仪器：台秤，锥形瓶，烧杯，量筒，水浴锅，漏斗，铁架台，铁圈，布氏漏斗，抽滤瓶，循环水真空泵，蒸发皿，表面皿，酒精灯，石棉网，比色管。

2. 试剂与材料：铁粉，HCl（$3mol \cdot L^{-1}$），H_2SO_4（$3mol \cdot L^{-1}$，浓），硫酸铵（固体），乙醇（95%），KSCN（25%），$NH_4Fe(SO_4)_2 \cdot 12H_2O$（固体），pH 试纸，滤纸。

【实验步骤】

1. $FeSO_4$ 的制备

称取 2g 铁粉放入锥形瓶中，加入 15mL $3mol \cdot L^{-1} H_2SO_4$，水浴加热至不再有气泡放出（约 20～30min）。在这一过程中需要补充蒸发的水分，防止 $FeSO_4$ 析出。反应完成后，趁热减压过滤，用少量热水洗涤锥形瓶及漏斗上的残渣，抽干。将滤液转移至洁净的蒸发皿中，将留在锥形瓶内和滤纸上的残渣收集在一起用滤纸片吸干后称重，由已反应的铁粉质量算出溶液中生成的 $FeSO_4$ 的量。

2. $(NH_4)_2SO_4 \cdot FeSO_4 \cdot 6H_2O$ 的制备

根据溶液中 $FeSO_4$ 的量，按反应方程式计算并称取所需 $(NH_4)_2SO_4$ 固体的质量，加入上述制得的 $FeSO_4$ 溶液中。水浴加热，搅拌使 $(NH_4)_2SO_4$ 全部溶解，并用 $3mol \cdot L^{-1}$ H_2SO_4 溶液调节至 pH 值为 1~2，继续在水浴上蒸发、浓缩至表面出现结晶薄膜为止（蒸发过程中不宜搅动溶液）。静置，使之缓慢冷却至室温，有大量 $(NH_4)_2SO_4 \cdot FeSO_4 \cdot 6H_2O$ 晶体析出，减压过滤除去母液，并用少量 95% 乙醇洗涤晶体，抽干。将晶体取出，摊在两张吸水纸之间，轻压吸干。观察晶体的颜色和形状，称重，计算产率。

3. 产品检验[Fe(Ⅲ)的限量分析]

（1）Fe(Ⅲ)标准溶液的配制

称取 $0.8634g$ $NH_4Fe(SO_4)_2 \cdot 12H_2O$，溶于少量水中，加 $2.5mL$ 浓 H_2SO_4，移入 $1000mL$ 容量瓶中，用水稀释至刻度。此溶液为 $0.1000g \cdot L^{-1}$ Fe^{3+} 标准溶液。

（2）标准色阶的配制

取 $0.50mL$ Fe(Ⅲ)标准溶液于 $25mL$ 比色管中，加 $2mL$ $3mol \cdot L^{-1}$ HCl 和 $1mL$ 25% 的 KSCN 溶液，用蒸馏水稀释至刻度，摇匀，配制成 Fe 标准液（含 Fe^{3+} 为 $0.05mg \cdot g^{-1}$）。

同样，分别取 $1.00mL$ Fe(Ⅲ)和 $2.00mL$ Fe(Ⅲ)标准溶液，配制成 Fe 标准液（含 Fe^{3+} 分别为 $0.10mg \cdot g^{-1}$、$0.20mg \cdot g^{-1}$）。这 3 种不同浓度的溶液分别为 Ⅰ、Ⅱ、Ⅲ 级（见表 27-2）。

表 27-2 级别分类

级别	Ⅰ	Ⅱ	Ⅲ
Fe^{3+} 含量/$mg \cdot g^{-1}$	0.05	0.10	0.20

（3）产品级别的确定

称取 $1.0g$ 产品于 $25mL$ 比色管中，用 $15mL$ 去离子水溶解，再加入 $2mL$ $3mol \cdot L^{-1}$ HCl 和 $1mL$ 25% KSCN 溶液，加水稀释至 $25mL$，摇匀。与标准色阶进行目视比色，确定产品级别。观察时从管口垂直向下或从比色管侧面观察，若试液与标准系列中某溶液的颜色深度相同，则产品为相应的级别；如果试液颜色深度介于 Ⅰ 级和 Ⅱ 级两个标准溶液之间，则产品为 Ⅱ 级。

此产品分析方法是将成品配制成溶液与各标准溶液进行比色，以确定杂质含量范围。如果成品溶液的颜色不深于标准溶液，则认为杂质含量低于某一规定限度，所以这种分析方法称为限量分析。

【实验结果与数据处理】

将实验数据和计算结果填入表 27-3 中。

表 27-3 硫酸亚铁铵的制备实验数据和计算结果

铁粉质量/g		硫酸铵质量/g	$(NH_4)_2SO_4 \cdot FeSO_4 \cdot 6H_2O$			
称量	残渣		理论产量/g	实际产量/g	产率%	产品级别

【实验注意事项】

1. 不必将所有铁粉反应完，实验时反应大部分铁粉即可。

2. 铁粉与硫酸反应时要注意分次补充少量水，以防止 $FeSO_4$ 析出。

3. 要保持硫酸亚铁溶液和硫酸铵溶液较强的酸性。

4. 硫酸亚铁铵的制备：加入硫酸铵后，应搅拌使其溶解后再往下进行，在水浴上加热，防止失去结晶水。

5. 蒸发浓缩初期要不停地搅拌，但要注意观察晶膜，一旦发现晶膜出现立即停止搅拌。

【思考题】

1. 为什么硫酸亚铁溶液和硫酸铵溶液要保持较强的酸性？

2. 计算硫酸亚铁铵产率时，应以哪一种物质的用量为基准？

3. 在蒸发、浓缩过程中，若发现溶液变为黄色，是什么原因？应如何处理？

【e 网链接】

1. http://wenku.baidu.com/view/75f5cb7e5acfa1c7aa00ccb8.html

2. http://wenku.baidu.com/view/f01a77669b6648d7c1c746c9.html

3. http://wenku.baidu.com/view/3c46c733ee06eff9aef80781.html

4. http://ce.sysu.edu.cn/echemi/basechemlab/Item/888.aspx

实验 28 硫代硫酸钠的制备

【实验目的与要求】

1. 了解用 Na_2SO_3 和 S 制备硫代硫酸钠的原理和方法；

2. 熟悉减压过滤、蒸发、结晶等基本操作；

3. 进一步练习滴定操作。

【实验原理】

硫代硫酸钠从水溶液中结晶得到五水合物（$Na_2S_2O_3 \cdot 5H_2O$），它是一种白色晶体，商品名称为海波，是化学反应中重要的还原剂。硫代硫酸根中硫的氧化值为 +2，其结构式为：

$$\left[\begin{array}{c} O \quad O \\ S \\ O \quad S \end{array} \right]^{2-}$$

本实验利用亚硫酸钠与硫共煮制备硫代硫酸钠，其反应式为：

$$Na_2SO_3 + S \xrightarrow{\triangle} Na_2S_2O_3$$

硫代硫酸钠在中性、碱性溶液中很稳定，在酸性溶液中由于生成不稳定的硫代硫酸而分解，即：

$$S_2O_3^{2-} + 2H^+ \longrightarrow S + SO_2 + H_2O$$

硫代硫酸钠是中等强度的还原剂，与强氧化剂（如 Cl_2、Br_2 等）作用，被氧化成硫酸盐；与较弱的氧化剂（如 I_2）作用，被氧化成连四硫酸盐。反应如下：

$$S_2O_3^{2-} + 4Cl_2 + 5H_2O \longrightarrow 2SO_4^{2-} + 8Cl^- + 10H^+$$

$$2S_2O_3^{2-} + I_2 \longrightarrow S_4O_6^{2-} + 2I^-$$

后一反应在分析化学中用于定量测定 I_2 的浓度。但亚硫酸盐也能与 I_2-KI 溶液反应：

$$SO_3^{2-} + I_2 + H_2O \longrightarrow SO_4^{2-} + 2I^- + 2H^+$$

所以用标准碘溶液测定 $Na_2S_2O_3$ 含量前，先要加甲醛使溶液中的 Na_2SO_3 与甲醛反应，生成加合物 $CH_2(Na_2SO_3)O$，此加合物还原能力很弱，不能还原 I_2-KI 溶液中的 I_2。

硫代硫酸根离子具有很强的配位能力，可溶解 AgBr：

$$AgBr + 2S_2O_3^{2-} \longrightarrow [Ag(S_2O_3)_2]^{3-} + Br^-$$

硫代硫酸钠与硝酸银反应，生成的硫代硫酸银不稳定，生成后会立即发生水解反应，而且这种水解反应过程会有显著的颜色变化，由白→黄→棕→黑，可用此反应鉴定硫代硫酸根离子的存在。反应为：

$$2Ag^+ + S_2O_3^{2-} \longrightarrow Ag_2S_2O_3 \downarrow (白色)$$
$$Ag_2S_2O_3 + H_2O \longrightarrow Ag_2S \downarrow (黑色) + 2H^+ + SO_4^{2-}$$

【仪器、试剂与材料】

1. 仪器：电子天平，台秤，试管，酒精灯，烧杯，量筒，漏斗，酸式滴定管，铁架台，滴定管夹，布氏漏斗，抽滤瓶，循环水真空泵，蒸发皿，表面皿，移液管，研钵，试剂瓶（棕色），点滴板。

2. 试剂与材料：Na_2SO_3（固体），HCl（$2mol \cdot L^{-1}$），$AgNO_3$（$0.1mol \cdot L^{-1}$），KBr（$0.1mol \cdot L^{-1}$），碘溶液（$0.0250mol \cdot L^{-1}$），碘水，硫粉，无水乙醇，淀粉（0.5%新配），酚酞（0.2%），40%中性甲醛溶液（配制方法：取40%甲醛溶液，加2滴酚酞指示剂，用 $0.1mol \cdot L^{-1}$NaOH 溶液中和至溶液恰为微红色），HAc-NaAc 缓冲溶液（pH=6.0）。

【实验步骤】

1. $Na_2S_2O_3 \cdot 5H_2O$ 的制备

称取 5.0g Na_2SO_3 固体于 100mL 烧杯中，加 30mL 蒸馏水搅拌溶解。称取 1.5g 硫粉于 100mL 烧杯中，加 3mL 乙醇充分搅拌均匀，再加入 Na_2SO_3 溶液混合，盖上表面皿，加热并不断搅拌。待溶液沸腾后改用小火加热，保持微沸状态 20~30min，不断地用玻璃棒充分搅拌，直至仅有少许硫粉悬浮于溶液中。趁热过滤，将滤液转至蒸发皿中，水浴加热浓缩至液体表面出现结晶为止。自然冷却、结晶。减压过滤，滤液回收。用少量乙醇洗涤晶体，用滤纸吸干后，称重，计算产率。

2. $Na_2S_2O_3 \cdot 5H_2O$ 的性质检验

取少量自制的 $Na_2S_2O_3 \cdot 5H_2O$ 晶体溶于 10mL 水中，进行以下实验。

（1）$S_2O_3^{2-}$ 的鉴定

在点滴板上加入 $Na_2S_2O_3$ 溶液，再加 2 滴 $0.1mol \cdot L^{-1}$AgNO$_3$ 溶液，观察现象。如果沉淀由白色变为黄色再变为棕色最后变为黑色，则可证明含有 $S_2O_3^{2-}$。

（2）$Na_2S_2O_3 \cdot 5H_2O$ 的稳定性

取少量 $Na_2S_2O_3 \cdot 5H_2O$ 溶于试管中，加入数滴 $2mol \cdot L^{-1}$盐酸溶液，振荡片刻，用湿润的蓝色石蕊试纸检验逸出的气体，观察现象。

（3）$Na_2S_2O_3 \cdot 5H_2O$ 的还原性

滴入少量的碘水和淀粉溶液于试管中，然后再滴入少量 $Na_2S_2O_3$ 溶液于试管中，观察现象。

（4）$Na_2S_2O_3 \cdot 5H_2O$ 的配位性

在点滴板上滴加 2 滴 $0.1mol \cdot L^{-1}$ $AgNO_3$ 溶液和 2 滴 $0.1mol \cdot L^{-1}$ KBr 溶液，再滴入 3 滴 $Na_2S_2O_3$ 溶液，观察现象。

3. $Na_2S_2O_3 \cdot 5H_2O$ 的含量测定

称取 1g 样品（精确至 0.1mg）于锥形瓶中，加入刚煮沸过并冷却的去离子水 20mL 使其完全溶解。加入 5mL 40％中性甲醛溶液和 10mL HAc-NaAc 缓冲溶液（此时溶液的 pH≈6）。用标准碘溶液滴定，近终点时，加 1～2mL 淀粉溶液，继续滴定至溶液呈蓝色，30s 内不消失即为终点。计算产品中 $Na_2S_2O_3 \cdot 5H_2O$ 的含量。

【实验结果与数据处理】

1. 产率的计算

$$Y = \frac{m_b M(Na_2SO_3)}{m_a M(Na_2S_2O_3 \cdot 5H_2O)} \times 100\%$$

式中，m_a 为亚硫酸钠的质量；m_b 为 $Na_2S_2O_3 \cdot 5H_2O$ 的质量；$M(Na_2SO_3)$ 为亚硫酸钠的摩尔质量；$M(Na_2S_2O_3)$ 为硫代硫酸钠的摩尔质量。

2. 含量的计算

$$w(Na_2S_2O_3 \cdot 5H_2O) = \frac{2 \times 0.2482cV}{m} \times 100\%$$

式中，V 为所用标准碘溶液的体积，mL；c 为标准碘溶液的浓度，$mol \cdot L^{-1}$；m 为 $Na_2S_2O_3 \cdot 5H_2O$ 的质量，g。

3. 将 $Na_2S_2O_3 \cdot 5H_2O$ 的性质检验结果填入表 28-1 中。

表 28-1　$Na_2S_2O_3 \cdot 5H_2O$ 的性质检验结果

检验项目	实验内容	实验现象	解释及结论
$S_2O_3^{2-}$ 的鉴定			
$Na_2S_2O_3 \cdot 5H_2O$ 的稳定性			
$Na_2S_2O_3 \cdot 5H_2O$ 的还原性			
$Na_2S_2O_3 \cdot 5H_2O$ 的配位性			

【实验注意事项】

1. 在亚硫酸钠溶液中加入硫粉后要不断搅拌，使之均匀分散在溶液中。
2. 硫粉大部分反应后才能过滤，否则产率太低。
3. 硫代硫酸钠溶液直接冷却，很难析出晶体，需要加热浓缩。

【思考题】

1. 适量和过量的 $Na_2S_2O_3$ 与 $AgNO_3$ 溶液作用有什么不同？用反应方程式表示。
2. 计算产率时为什么以 Na_2SO_3 的用量而不以硫粉的用量计算？
3. 制备硫代硫酸钠时，为什么要乙醇浸润硫粉？
4. 蒸发浓缩硫代硫酸钠溶液时，为什么不能蒸发得太浓？干燥硫代硫酸钠晶体的温度为什么要控制在 40℃？

【e 网链接】

1. http：//wenku.baidu.com/view/0614207a27284b73f2425041.html

2. http：//www.docin.com/p-90070346.html

3. http：//www.docin.com/p-236832370.html

4. http：//wenku.baidu.com/view/14ff51b469dc5022aaea000c.html

实验 29　碱式碳酸铜的制备

【实验目的与要求】

1. 掌握碱式碳酸铜的制备原理；

2. 通过碱式碳酸铜制备条件的探求和生成物颜色、状态的分析，研究反应物的合理配料比并确定制备反应适宜的温度条件，培养独立设计实验的能力。

【实验原理】

根据 $CuSO_4$ 与 Na_2CO_3 反应的化学方程式：

$$2CuSO_4 + 2Na_2CO_3 + H_2O =\!\!=\!\!= Cu_2(OH)_2CO_3 \downarrow + 2Na_2SO_4 + CO_2 \uparrow$$

可制得 $Cu_2(OH)_2CO_3$。

【仪器、试剂与材料】

1. 仪器：台秤，烧杯，玻璃棒，抽滤瓶，布氏漏斗，试管，滴管，吸量管。

2. 试剂与材料：$CuSO_4 \cdot 5H_2O$(固体)，Na_2CO_3(固体)。

【实验步骤】

1. 反应物溶液的配制

配制 $0.5mol \cdot L^{-1}$ 的 $CuSO_4$ 溶液和 $0.5mol \cdot L^{-1}$ 的 Na_2CO_3 溶液各 100mL。

2. 制备反应条件的探求

(1) $CuSO_4$ 和 Na_2CO_3 溶液的合适配比

在四支试管内各加入 2.0mL $0.5mol \cdot L^{-1}$ $CuSO_4$ 溶液，再分别取 $0.5mol \cdot L^{-1}$ Na_2CO_3 溶液 1.6mL、2.0mL、2.4mL 及 2.8mL 依次加入另外四支编号的试管中。将八支试管放在 75℃水浴中。几分钟后，将 $CuSO_4$ 溶液分别倒入四支编号的试管中，振荡试管，比较各试管中沉淀生成的速度、沉淀的数量及颜色，从中得出两种反应物溶液的最佳混合比例。

(2) 反应温度

分别在三支试管中加入 2.0mL $CuSO_4$ 溶液，另取三支试管，各加入由上述实验得到的合适用量的 Na_2CO_3 溶液，依次从两列试管中各取一支组成三组，分别置于室温、50℃的恒温水浴、100℃的恒温水浴中，数分钟后将 $CuSO_4$ 倒入 Na_2CO_3 溶液中，振荡，由实验结果确定制备反应的合适温度。

3. 碱式碳酸铜的制备

取 60mL $0.5mol \cdot L^{-1}CuSO_4$ 溶液根据上面实验确定的反应物的合适比例及适宜温度制取 $Cu_2(OH)_2CO_3$。沉淀完全后，用蒸馏水洗涤沉淀数次，直到沉淀中不含 SO_4^{2-} 为止，吸干。

将所得产品用水浴烘干，待冷至室温后称量，计算产率。

【实验结果与数据处理】

将实验数据和计算结果填入表 29-1 中。

表 29-1　碱式碳酸铜的制备实验数据和计算结果

$CuSO_4$ 和 Na_2CO_3 溶液的体积比	适宜反应温度/℃	碱式碳酸铜质量/g	产率/%

【实验注意事项】

1. 反应温度不要超过 100℃。

2. 若反应后不能观察到暗绿色或淡蓝色沉淀，可将反应物保持原样（不可将滤液滤去）静置 1~2 天，再观察。

【思考题】

1. 反应温度对本实验有何影响？

2. 反应在何种温度下进行会出现褐色产物？这种褐色物质是什么？

3. 除反应物的配比和反应温度对本实验的结果有影响外，反应物的种类、反应时间等因素对产物的质量是否也有影响？

4. 自行设计一个实验，来测定产物中铜及碳酸根的含量，从而分析所制得的碱式碳酸铜的质量。

【e 网链接】

1. http：//151. fosu. edu. cn/hxsy/details. asp? id＝680

2. http：//wenku. baidu. com/view/a1aeb024af45b307e87197c9. html

3. http：//wenku. baidu. com/view/283185f4ba0d4a7302763ae7. html

4. http：//www. docin. com/p-48333821. html

实验 30　由二氧化锰制备高锰酸钾

【实验目的与要求】

1. 了解由二氧化锰制取高锰酸钾的原理和方法；

2. 了解锰的各种氧化态化合物之间相互转化的条件；

3. 练习加热、浸取、过滤、蒸发、浓缩、结晶等操作。

【实验原理】

二氧化锰在较强氧化剂（如氯酸钾）存在下与碱共熔时，可被氧化成为锰酸钾：

$$3MnO_2＋KClO_3＋6KOH\Longrightarrow 3K_2MnO_4＋KCl＋3H_2O$$

熔块由水浸取后，随着溶液碱性降低，水溶液中的 MnO_4^{2-} 不稳定，发生歧化反应。一般在弱碱性或近中性介质中，歧化反应趋势较小，反应速率也比较慢。但在弱酸性介质中，MnO_4^{2-} 易发生歧化反应，生成 MnO_4^- 和 MnO_2。如向含有锰酸钾的溶液中通入 CO_2，即可发生如下反应：

$$3K_2MnO_4 + 2CO_2 == 2KMnO_4 + MnO_2 \downarrow + 2K_2CO_3$$

或者向含有锰酸钾的溶液中加入弱酸溶液（如醋酸），使其发生歧化反应：

$$3MnO_4^{2-} + 4HAc == 2MnO_4^- + MnO_2 \downarrow + 4Ac^- + 2H_2O$$

经减压过滤除去 MnO_2 后，将溶液浓缩即可析出暗紫色的针状高锰酸钾晶体。

【仪器、试剂与材料】

1. 仪器：电子天平，台秤，铁坩埚，坩埚钳，试管，酒精灯，烧杯，量筒，水浴锅，移液管（25mL），容量瓶（250mL），锥形瓶（250mL），酸式滴定管，铁架台，滴定管夹，布氏漏斗，抽滤瓶，循环水真空泵，蒸发皿，玻璃棒。

2. 试剂与材料：MnO_2（固体），KOH（固体），$KClO_3$（固体），$Na_2C_2O_4$（固体），H_2SO_4（3mol·L^{-1}），HAc（2mol·L^{-1}），滤纸，滤布，铁棒（或粗铁丝）。

【实验步骤】

1. 高锰酸钾的制备

（1）熔融氧化

称取 5.2g KOH（固体）和 2.5g $KClO_3$（固体）放入铁坩埚中，混合均匀，用铁夹将铁坩埚夹紧，固定在铁架台上，小火加热，并用洁净的铁棒搅拌混合（或一手用坩埚钳夹住铁坩埚，一手用铁棒搅拌）。待混合物熔融后，边搅拌，边逐渐加入 3.0g MnO_2（固体），即可观察到熔融物黏度逐渐增大，再不断用力搅拌，以防结块。反应剧烈使熔融物溢出时，可将铁坩埚移离火焰。在反应快要干涸时，应不断搅拌，使熔融物呈颗粒状，以不结成大块粘在坩埚壁上为宜。待反应物干涸后，加大火焰，在仍保持搅拌下加强热 4~8min，即得墨绿色的锰酸钾。

（2）浸取

待盛有熔融物的铁坩埚冷却后，用铁棒尽量将熔块捣碎，并将其侧放于盛有 70mL 蒸馏水的 250mL 烧杯中以小火共煮，直到熔融物全部溶解为止，小心用坩埚钳取出坩埚。

（3）歧化

向上述锰酸钾溶液中滴加 HAc（2mol·L^{-1}），用玻璃棒蘸取溶液于滤纸上，当滤纸上只出现紫红色而无绿色痕迹时，锰酸钾已歧化完全（pH 值在 10~11 之间），停止滴加 HAc，抽滤。

（4）结晶

将滤液转入蒸发皿中，水浴加热、浓缩至表面出现晶膜。冷却、抽滤，得暗红色高锰酸钾晶体，称重，计算产率。记录晶体的颜色和形状。

2. 产品含量的测定

准确称取 0.4~0.5g 纯化后的高锰酸钾晶体，在 250mL 容量瓶中配成溶液。

准确称取 0.7~0.8g 基准物质 $Na_2C_2O_4$（固体）置于 100mL 烧杯中，溶解后转移到 250mL 容量瓶中，稀释至刻度，摇匀。移取 25.00mL $Na_2C_2O_4$ 溶液，加入 4.0mL 3mol·L^{-1} H_2SO_4，加热至 75~85℃，趁热用 $KMnO_4$ 溶液滴定。开始滴定时要慢，等前一滴 $KMnO_4$ 的红色完全褪去后再滴入下一滴。随着滴定的进行，由于溶液中产物 Mn^{2+} 具有自身催化作用，滴定速度可适当加快，直至滴定的溶液呈微红色，0.5min 不褪色即为终点。平行滴定 3 次，计算高锰酸钾的含量。

【实验结果与数据处理】

1. 描述所得高锰酸钾晶体的颜色和形状。

2. 将实验结果填入表 30-1 中。

表 30-1　由二氧化锰制备高锰酸钾实验结果

MnO_2 质量/g	$KMnO_4$ 质量/g	产率/%	$KMnO_4$ 含量/%

【实验注意事项】

1. 在制备锰酸钾的过程中，二氧化锰粉末一定要分多次加，且边加边搅拌。如反应剧烈，可将酒精灯移开。

2. 不能用滤纸过滤含高锰酸钾的强碱溶液，应用滤布代替。

【思考题】

1. 为什么制备锰酸钾时要用铁坩埚，而不用瓷坩埚？

2. 为了使 K_2MnO_4 发生歧化反应，能否用 HCl 代替 HAc？为什么？

3. 如何过滤强碱溶液？

4. 烘干高锰酸钾的过程中，应注意什么问题？为什么？

【e 网链接】

1. http：//www. docin. com/p-566219616. html

2. http：//www. doc88. com/p-116715042685. html

3. http：//wenku. baidu. com/view/34d63bf8fab069dc502201bf. html

4. http：//wenku. baidu. com/view/b74af1c4aa00b52acfc7ca8c. html

实验 31　五水硫酸铜的制备及结晶水的测定

【实验目的与要求】

1. 掌握由氧化铜制备五水硫酸铜的原理和方法；

2. 掌握制备过程中除铁的原理和方法；

3. 掌握五水硫酸铜中结晶水含量的测定方法；

4. 练习水浴蒸发、减压过滤、重结晶等基本操作。

【实验原理】

五水硫酸铜的化学式为 $CuSO_4 \cdot 5H_2O$，为蓝色晶体，俗称蓝矾、胆矾。蓝矾用途广泛，可用作印染业的媒染剂、农业的杀虫剂、木材防腐剂等。五水硫酸铜可由孔雀石、氧化铜、金属铜等制备。

本实验由粗 CuO 制备，其含有的主要杂质为铁。常用的除铁方法是用氧化剂将溶液中的 Fe^{2+} 氧化为 Fe^{3+}，控制溶液的 pH 值，使 Fe^{3+} 水解以氢氧化铁沉淀的形式析出或生成溶解度小的黄铁矾沉淀而被除去。

在酸性介质中，Fe^{3+} 主要以 $[Fe(H_2O)_6]^{3+}$ 存在。随着溶液 pH 值的增大，Fe^{3+} 的水解倾向增大。当溶液的 pH＝1.6～1.8 时，溶液中的 Fe^{3+} 以 $[Fe_2(OH)_2]^{4+}$、$[Fe_2(OH)_4]^{2+}$ 的形式存在，它们能与 SO_4^{2-}、K^+（或 Na^+、NH_4^+）结合，生成一种浅黄色的复盐，俗称黄铁矾。此类复盐的溶解度小、颗粒大、沉淀速度快、容易过滤。以黄铁矾为例：

$$Fe_2(SO_4)_3 + 2H_2O \longrightarrow 2Fe(OH)SO_4 + H_2SO_4$$
$$2Fe(OH)SO_4 + 2H_2O \longrightarrow Fe_2(OH)_4SO_4 + H_2SO_4$$
$$2Fe(OH)SO_4 + 2Fe_2(OH)_4SO_4 + Na_2SO_4 + 2H_2O \longrightarrow Na_2Fe_6(SO_4)_4(OH)_{12} \downarrow + H_2SO_4$$

当溶液的 pH＝2～3 时，Fe^{3+} 形成聚合度大于 2 的多聚体，继续提高溶液的 pH 值，则析出胶状水合三氧化二铁（$xFe_2O_3 \cdot yH_2O$）。加热煮沸破坏胶体或加凝聚剂使 $xFe_2O_3 \cdot yH_2O$ 凝聚沉淀，通过过滤便可达到除铁的目的。

溶液中残留的少量 Fe^{3+} 及其他可溶性杂质则可利用 $CuSO_4 \cdot 5H_2O$ 的溶解度随温度升高而增大的性质（见表 31-1），通过重结晶的方法除去。重结晶后，杂质留在母液中，从而达到纯化 $CuSO_4 \cdot 5H_2O$ 的目的。

五水硫酸铜在常温常压下很稳定，不潮解。在干燥空气中会逐渐风化，加热至 45℃时失去两分子结晶水，110℃时失去四分子结晶水，150℃时失去全部结晶水而成为无水物。根据加热前后的质量变化，可求得硫酸铜晶体中结晶水的含量。

表 31-1　不同温度下 $CuSO_4 \cdot 5H_2O$ 的溶解度

温度/℃	0	20	40	60	80	100
溶解度/g·(100g 水)$^{-1}$	23.1	32.0	44.6	61.8	83.8	114.0

【仪器、试剂与材料】

1. 仪器：分析天平，台秤，烧杯，量筒，水浴锅，漏斗，铁架台，铁圈，布氏漏斗，抽滤瓶，循环水真空泵，蒸发皿，表面皿，酒精灯，石棉网，带盖坩埚。

2. 试剂与材料：粗 CuO（固体），H_2SO_4（3mol·L^{-1}），H_2O_2（3%），NaOH（2mol·L^{-1}），精密 pH 试纸（0.5～5.0），广泛 pH 试纸，滤纸。

【实验步骤】

1. 硫酸铜的制备

称取 4g 粗 CuO 放在小烧杯中，加入 17～18mL 3mol·L^{-1} H_2SO_4，边加热边搅拌。用小火加热 5min 后，加入 20mL 水继续加热 20min。在加热过程中要注意不断地补充水分，使溶液的体积保持在 50mL 左右。将物料冷却，滴加 5mL 3% H_2O_2，同时在不断搅拌下滴加 NaOH 溶液至 pH 值为 3.5～4.0，再加热 10min，趁热抽滤，滤液转入蒸发皿中，用 H_2SO_4 酸化至 pH 值为 1～2。然后加热蒸发、浓缩至表面出现晶膜为止。冷却结晶，抽滤，可得粗 $CuSO_4 \cdot 5H_2O$，称量。

2. 重结晶提纯 $CuSO_4 \cdot 5H_2O$

以每克粗产品加 1.2mL 蒸馏水的比例，用水溶解粗产品，并升温使其完全溶解。趁热过滤后让其慢慢冷却，即有晶体析出（若无晶体析出，可加一粒细小的硫酸铜晶体作为晶种）。待充分冷却后，尽量抽干，称重。

3. 硫酸铜中结晶水的测定

在分析天平上精确称量洁净并已干燥至恒重的带盖坩埚的质量 m_1。然后向坩埚中加入约 2g 自制的精制硫酸铜晶体，再准确称量其质量 m_2。将盛有硫酸铜晶体的坩埚置于石棉网上加热，注意防止晶体溅出，直至硫酸铜晶体的蓝色全部转变为白色，且不再逸出水蒸气为止。将坩埚放入干燥器中冷却至室温，精确称重，记录数据。将盛有硫酸铜的坩埚再加热，仍放入干燥器中冷却后再称量，直至恒重（两次称量之差小于或等于 1mg），记录数据 m_3。根据加热前后的质量变化可求得硫酸铜中结晶水的含量。

【实验结果与数据处理】

将实验数据和计算结果填入表 31-2 和表 31-3 中。

表 31-2 五水硫酸铜的制备实验数据

CuO 质量/g	理论产量/g	粗产品质量/g	精产品质量/g	精产品产率/%

表 31-3 结晶水测定实验数据

项目	数据	项目	数据
带盖坩埚的质量 m_1/g		无水硫酸铜的质量/g	
带盖坩埚＋硫酸铜的质量 m_2/g		无水硫酸铜的物质的量 n_1/mol	
带盖坩埚＋无水硫酸铜的质量 m_3/g		结晶水的物质的量 n_2/mol	
结晶水的质量/g		n_1/n_2	

【实验注意事项】

1. 重结晶时必须按照要求加水。
2. 双氧水要缓慢加入。
3. 在粗硫酸铜提纯中，浓缩液要自然冷却至室温，以免夹杂的其他杂质析出。

【思考题】

1. 蒸发时为什么要将溶液的 pH 值调至 1～2？
2. 制备和提纯五水硫酸铜实验中，加热浓缩溶液时，是否可将溶液蒸干？为什么？
3. 在除去铁杂质时，为什么要将 Fe^{2+} 氧化成 Fe^{3+}？
4. 在重结晶时，1g 粗产品加 1.2mL 水溶解的依据是什么？

【e 网链接】

1. http：//wenku. baidu. com/view/bff014ccda38376baf1fae94. html
2. http：//wenku. baidu. com/view/d0fc23b8960590c69ec376d2. html
3. http：//wenku. baidu. com/view/34d63bf8fab069dc502201bf. html
4. http：//www. docin. com/p-307578054. html

实验 32 三氯化六氨合钴（Ⅲ）的制备

【实验目的与要求】

1. 掌握制备三氯化六氨合钴（Ⅲ）的方法，加深关于配合物的形成对三价钴稳定性的影

响的理解;

2. 巩固水浴加热、抽滤、结晶等基本操作;

3. 掌握一些常用溶液的配制方法。

【实验原理】

根据有关电对的标准电极电势可以知道,在通常情况下,二价钴盐比三价钴盐稳定得多,然而它们所形成的配合物的稳定性却正好相反,三价钴比二价钴稳定。因此,通常采用空气或过氧化氢氧化二价钴的方法来制备三价钴盐的配合物。

氯化钴(Ⅲ)的氨合物有许多种,其制备方法也各不相同。三氯化六氨合钴(Ⅲ)的制备方法是以活性炭为催化剂,用过氧化氢氧化含有氨和氯化铵的氯化钴(Ⅱ)溶液,制备得到三氯化六氨合钴(Ⅲ)。反应式为:

$$2CoCl_2 + 2NH_4Cl + 10NH_3 + H_2O_2 = 2[Co(NH_3)_6]Cl_3 + 2H_2O$$

得到的固体粗产品中混有大量活性炭,可以将其溶解在酸性溶液中,过滤掉活性炭,在高浓度的盐酸中令其结晶出来。$[Co(NH_3)_6]Cl_3$ 为橙黄色晶体,20℃在水中的溶解度为 $0.26mol \cdot L^{-1}$。$[Co(NH_3)_6]^{3+}$ 配离子很稳定,常温时遇强酸和强碱也基本不分解。但强碱条件下煮沸时分解放出氨:

$$[Co(NH_3)_6]Cl_3 + 3NaOH = Co(OH)_3 + 6NH_3 + 3NaCl$$

在酸性溶液中,Co^{3+} 具有很强的氧化性,易与许多还原剂发生氧化还原反应而转变成稳定的 Co^{2+}。挥发出的氨用过量盐酸标准溶液吸收,再用标准碱滴定过量的盐酸,可测定配体氨的个数(配位数)。将配合物溶于水,用电导率仪测定离子个数,可确定外界 Cl 的个数,从而确定配合物的组成。

【仪器、试剂与材料】

1. 仪器:台秤,电子天平,锥形瓶,抽滤瓶,布氏漏斗,量筒,烧杯,酸式滴定管,碱式滴定管。

2. 试剂与材料:$CoCl_2 \cdot 6H_2O$(固体),NH_4Cl(固体),KI(固体),活性炭,HCl(6mol $\cdot L^{-1}$,浓),H_2O_2(6%),浓氨水,NaOH(2mol $\cdot L^{-1}$),$Na_2S_2O_3$ 标准溶液(0.0500mol $\cdot L^{-1}$),$AgNO_3$ 标准溶液(0.1000mol $\cdot L^{-1}$),K_2CrO_4(5%),NaCl(基准),淀粉溶液(0.2%),冰。

【实验步骤】

1. $[Co(NH_3)_6]Cl_3$ 的制备

在 100mL 锥形瓶内加入 4.5g 研细的二氯化钴 $CoCl_2 \cdot 6H_2O$、3g NH_4Cl 和 5mL 水。加热溶解后加入 0.3g 活性炭,冷却后加入 10mL 浓氨水,进一步用冰水冷却到 10℃以下,缓慢加入 10mL 6% 的 H_2O_2,在水浴上加热至 60℃左右(控制好温度),恒温 20min(适当摇动锥形瓶)。以流水冷却后再用冰水冷却,即有晶体析出(粗产品)。用布氏漏斗抽滤。将滤饼用药匙刮下溶于已滴加 1.5mL 浓盐酸的 40mL 沸水中,趁热过滤。加 5mL 浓盐酸于滤液中,以冰水冷却,即有晶体析出(纯产品)。抽滤,用 10mL 无水乙醇洗涤,抽干,将滤饼连同滤纸一并取出放在一张纸上,置于干燥箱中,在 105℃以下烘干 25min,称重(精确至0.1g),计算产率。

2. $[Co(NH_3)_6]Cl_3$ 中钴(Ⅲ)含量的测定

用减量法精确称取 0.2g 左右(精确至 0.0001g)的产品，于 250mL 锥形瓶中加 50mL 水振荡溶解。加 2mol·L^{-1} 的 NaOH 溶液 10mL。将锥形瓶放在水浴上(夹住锥形瓶放入盛水的大烧杯中)加热至沸，维持沸腾状态约 1h。待氨全部赶走后，冷却，加入 1g 碘化钾固体及 10mL 6mol·L^{-1} HCl 溶液，在暗处(柜橱中)放置 5min 左右，用 0.05mol·L^{-1} Na$_2$S$_2$O$_3$ 标准溶液滴定至浅蓝色，加入 2mL 0.2% 淀粉溶液后，再滴定至蓝色消失，呈稳定的粉红色。

3. [Co(NH$_3$)$_6$]Cl$_3$ 中氯含量的测定

准确称取样品约 0.2g，于锥形瓶内加入适量水溶解，以 2mL 5% K$_2$CrO$_4$ 为指示剂，在不断振摇下，滴入 0.1mol·L^{-1} 的 AgNO$_3$ 标准溶液，直至呈橙红色，即为终点。呈土色时已接近终点，可再加半滴。记下 AgNO$_3$ 标准溶液的体积，计算出样品中氯的含量。

4. 相关溶液的配制和标定

(1) K$_2$CrO$_4$(5%)溶液的配制

溶解 5g K$_2$CrO$_4$ 于 100mL 水中，在搅拌下滴加 AgNO$_3$ 标准溶液至砖红色沉淀生成，过滤溶液。

(2) NaCl 标准溶液(0.1000mol·L^{-1})的配制

称取预先在 400℃ 干燥的 5.8443g 基准 NaCl，溶解于水中，移入 1000mL 容量瓶中，用水稀释至刻度，摇匀。

(3) AgNO$_3$ 标准溶液(0.1000mol·L^{-1})的配制

称取 16.9g AgNO$_3$ 溶解于水中，稀释至 1L，摇匀，储于棕色试剂瓶中。

(4) 标定 AgNO$_3$ 标准溶液

吸取 25mL 0.1000mol·L^{-1} NaCl 标准溶液于 250mL 锥形瓶中，用水稀释至 50mL，加 1mL 5% K$_2$CrO$_4$ 溶液，在不断摇动下用 AgNO$_3$ 标准溶液滴定，直至溶液由黄色变为稳定的橙红色，即为终点。同时做一次空白实验。记录下消耗的 AgNO$_3$ 的体积。

【实验结果与数据处理】

1. 根据相关实验数据，计算三氯化六氨合钴(Ⅲ)的产率，完成表 32-1。

表 32-1　三氯化六氨合钴(Ⅲ)的制备实验数据

CoCl$_2$·6H$_2$O 质量/g	理论产量/g	粗产品质量/g	精产品质量/g	精产品产率/%

2. 根据实验数据，计算配合物中氨、钴和氯的含量，完成表 32-2。

表 32-2　[Co(NH$_3$)$_6$]Cl$_3$ 的含量测定结果汇总

	氨	钴	氯
实验结果/%			
[Co(NH$_3$)$_6$]Cl$_3$ 的理论结果/%			
偏差			
相对偏差/%			
物质的量比(氨：钴：氯)			
样品的实验值{[Co$_y$(NH$_3$)$_x$]Cl$_z$}			

【实验注意事项】

反应过程中应严格控制反应温度，因为温度不同，会得到不同的产物。

【思考题】

1. 在制备过程中，如果改用空气或者二氧化铅作为氧化剂，是否可行？为什么？

2. 溶液在加入过氧化氢以后，为什么要在 60℃ 恒温加热一段时间？可否加热至沸？

3. 在钴含量测定中，如果氨没有赶净，对分析结果有何影响？写出分析过程中涉及的反应式。

4. 将粗产品溶于含盐酸的沸水中，趁热过滤后，再加入浓盐酸的目的是什么？

【e网链接】

1. http：//wenku. baidu. com/view/a8842bbe960590c69ec376a8. html

2. http：//wenku. baidu. com/view/3e444f3a5727a5e9856a6108. html

3. http：//wenku. baidu. com/view/56d46e7d31b765ce050814cc. html

4. http：//www. docin. com/p-562990148. html

5. http：//ishare. iask. sina. com. cn/download/explain. php？fileid＝23536898

实验 33　由废铁屑制备三氯化铁

【实验目的与要求】

1. 熟练掌握由废铁屑制备三氯化铁溶液的实验原理和方法；

2. 进一步掌握单质铁的还原性；

3. 练习水浴加热、减压过滤、蒸发、浓缩、结晶、干燥等基本操作。

【实验原理】

三氯化铁是一种共价化合物，是黑棕色结晶，也有薄片状，熔点为 282℃，沸点为 315℃，易溶于水并且有强烈的吸水性，能吸收空气里的水分而潮解。$FeCl_3$ 从水溶液中析出时带六个结晶水为 $FeCl_3 \cdot 6H_2O$，六水合三氯化铁是橘黄色的晶体。三氯化铁是一种很重要的铁盐。

三氯化铁是重要的铁的卤化物，是印刷电路的优良腐蚀剂，并且是无机化学实验中重要的化学试剂。作为印刷电路的腐蚀剂，三氯化铁可以和铜板上需要去掉的部分作用，Cu 可以被氧化变成 $CuCl_2$ 溶解掉。在医疗上，三氯化铁可以使蛋白质迅速凝结，因此可作为很好的止血剂使用。当然，其在有机合成、染色工业中也有非常广泛的用途。

制备三氯化铁的方法有很多种。固体产品多采用氯化法、低共熔混合物反应法和四氯化钛副产法，液体产品一般采用盐酸法和一步氯化法。本实验选取廉价易得的物质作为原料，如废边角贴片或者废铁屑和工业级的盐酸或者氯气进行制备。

本实验的设计思路为：$Fe \rightarrow FeCl_2 \rightarrow FeCl_3 \rightarrow FeCl_3 \cdot 6H_2O$。实验经过浓缩、冷却、结晶、抽滤等多步制得三氯化铁。

【仪器、试剂与材料】

1. 仪器：电子天平，蒸发皿，布氏漏斗，抽滤瓶，循环水真空泵，酒精灯，锥形瓶，烧杯，量筒，比色管。

2. 试剂与材料：Na_2CO_3（10%），HCl（浓，$3mol \cdot L^{-1}$），Cl_2（g），KSCN（25%），乙

醇，铁屑。

【实验步骤】

1. 铁屑的去污

在电子天平上称取铁屑 4.14g，放入锥形瓶中，加入 10% Na_2CO_3 溶液 20mL，小火加热 10min，除去铁屑上的油污。用倾析法倒掉上层液体，铁屑用清水洗净。

2. 氯化亚铁的制备

往盛有干净铁屑的锥形瓶中加入 35mL 浓盐酸，在通风橱内水浴加热约 40min，使铁屑和浓盐酸反应。在反应的过程中，要注意观察反应情况，并且及时向锥形瓶中加水，补充损失掉的水分。至锥形瓶中基本没有气泡冒出时，再加入 1mL 浓盐酸，趁热抽滤，滤液转移到蒸发皿中，用热水洗涤锥形瓶、布氏漏斗中的残渣。将清洗干净的残渣收集起来，用吸水纸吸干表面水分后，用电子天平进行称量，以此计算出已经参与反应的铁屑质量和溶液中氯化亚铁的理论值。

3. 三氯化铁的制备

在通风橱中将氯气通入氯化亚铁溶液中，继续在水浴上加热蒸发，浓缩至溶液表面出现晶膜为止。停止水浴加热，静置自然冷却至室温，即有晶体析出。抽滤，得到的晶体用少量乙醇清洗。将晶体取出，用滤纸吸干水分，在电子天平上称量。

4. 产品检验

用锥形瓶或者小烧杯将蒸馏水煮沸 3min，以除去溶解的氧，盖好冷却后备用。称取 1.0g 产品于比色管中，加入 15.0mL 不含氧的蒸馏水溶解，加入 2.0mL 25% KSCN 和 2.0mL 3mol·L^{-1} HCl，继续添加不含氧的蒸馏水稀释至 25mL 刻度并摇匀，将该试管与标准试样进行目视比色，以确定产品级别。

Fe^{3+} 标准溶液的配制：首先配制浓度为 0.01mg·mL^{-1} 的 Fe^{3+} 标准溶液；然后用吸管分别吸取 5mL、10mL、20mL 于三支已经编号的 25mL 比色管中，并分别加入 2.0mL 25% KSCN 和 2.0mL 3mol·L^{-1} HCl，继续添加蒸馏水稀释至 25mL 刻度并摇匀，即得 Fe^{3+} 标准溶液。

【实验结果与数据处理】

将实验数据和计算结果填在表 33-1 中。

表 33-1　由废铁屑制备三氯化铁实验数据和计算结果

铁屑的质量/g		FeCl$_2$ 理论产量/g	FeCl$_3$·6H$_2$O			
反应前	反应后		理论产量/g	实际产量/g	产率/%	产品级别

【实验注意事项】

1. 烧碱除油、用盐酸溶解铁屑和通氯气制备三氯化铁都应在通风橱内进行。
2. 用倾析法将碳酸钠溶液倾出后，用一定量的蒸馏水清洗 2~3 次使铁屑变成中性。
3. 实验中所使用的氯气可通过实验制得，也可直接由氯气钢瓶通入。

【思考题】

1. 进行目视比色时，为什么要用无氧蒸馏水配制三氯化铁溶液？如何制备无氧蒸馏水？

2. 实验过程中，除了可以使用氯气作为氧化剂外，还可以使用什么试剂作为氧化剂？试比较两者的优劣。

【e 网链接】

1. http：//www. docin. com/p-693488590. html
2. http：//wenku. baidu. com/view/c5810a2cb4daa58da0114aa0. html
3. http：//wenku. baidu. com/view/733e1d0979563c1ec5da718c. html
4. http：//wenku. baidu. com/view/1a6c138c680203d8ce2f2495. html

实验 34　三草酸合铁(Ⅲ)酸钾的合成

【实验目的与要求】

1. 学习草酸配合物的合成方法，加深对配合物性质的了解；
2. 理解在制备过程中化学平衡原理的应用；
3. 掌握水溶液中制备无机物的一般方法；
4. 进一步巩固溶解、沉淀、过滤、浓缩、蒸发、结晶等基本操作。

【实验原理】

三草酸合铁(Ⅲ)酸钾为翠绿色单斜晶体，溶于水[0℃时，4.7g·(100g 水)$^{-1}$；100℃时 117.7g·(100g 水)$^{-1}$]，难溶于乙醇。110℃下失去三分子结晶水而成为 $K_3[Fe(C_2O_4)_3]$，230℃时分解。该配合物对光敏感，光照下即发生分解：

$$2K_3[Fe(C_2O_4)_3] \Longrightarrow 3K_2C_2O_4 + 2FeC_2O_4 + 2CO_2$$

三草酸合铁(Ⅲ)酸钾是制备负载型活性铁催化剂的主要原料，也是一些有机反应很好的催化剂，因而具有工业生产价值。

合成三草酸合铁(Ⅲ)酸钾的工艺路线有多种。例如可以铁为原料制得硫酸亚铁铵，加草酸钾制得草酸亚铁后经氧化制得三草酸合铁(Ⅲ)酸钾；或以硫酸铁与草酸钾为原料直接合成三草酸合铁(Ⅲ)酸钾，也可以三氯化铁或硫酸铁与草酸钾直接合成三草酸合铁(Ⅲ)酸钾。

本实验采用硫酸亚铁铵加草酸钾形成草酸亚铁经氧化结晶得三草酸合铁(Ⅲ)酸钾。实验通过沉淀反应、氧化还原反应、酸碱反应、配位反应、电离平衡反应和重结晶等多步反应转化，最后制备得到三草酸合铁(Ⅲ)酸钾配合物，其反应方程式如下：

$$Fe(NH_4)_2(SO_4)_2 \cdot 6H_2O + H_2C_2O_4 \Longrightarrow FeC_2O_4 \cdot 2H_2O + (NH_4)_2SO_4 + H_2SO_4 + 4H_2O$$

$$6FeC_2O_4 \cdot 2H_2O + 3H_2O_2 + 6K_2C_2O_4 \Longrightarrow 4K_3[Fe(C_2O_4)_3] \cdot 3H_2O + 2Fe(OH)_3$$

而后加入适量的草酸可使氢氧化铁转化为三草酸合铁(Ⅲ)酸钾。

$$2Fe(OH)_3 + 3K_2C_2O_4 + 3H_2C_2O_4 \Longrightarrow 2K_3[Fe(C_2O_4)_3] \cdot 3H_2O$$

加入乙醇即可析出产物的结晶。总的反应式是：

$$2FeC_2O_4 \cdot 2H_2O + H_2O_2 + 3K_2C_2O_4 + H_2C_2O_4 \Longrightarrow 2K_3[Fe(C_2O_4)_3] \cdot 3H_2O(翠绿色)$$

K^+ 与 $Na_3[Co(NO_2)_6]$ 在中性或稀醋酸介质中，生成亮黄色的沉淀 $K_2Na[Co(NO_2)_6]$：

$$2K^+ + Na^+ + [Co(NO_2)_6]^{3-} \Longrightarrow K_2Na[Co(NO_2)_6] \downarrow$$

Fe^{3+} 与 KSCN 反应生成血红色 $[Fe(SCN)_n]^{3-n}$，$C_2O_4^{2-}$ 与 Ca^{2+} 生成白色 CaC_2O_4 沉

淀，可用此来判断 Fe^{3+} 与 $C_2O_4^{2-}$ 处于配合物的内界还是外界。

通过化学分析确定配离子的组成。用高锰酸钾标准溶液在酸性介质中滴定测得草酸根的含量。测量 Fe^{3+} 含量时，可先用过量锌粉将其还原为 Fe^{2+}，然后再用 $KMnO_4$ 标准溶液滴定，其反应式为：

$$5C_2O_4^{2-} + 2MnO_4^- + 16H^+ = 10CO_2\uparrow + 2Mn^{2+} + 8H_2O$$

$$5Fe^{2+} + MnO_4^- + 8H^+ = 5Fe^{3+} + Mn^{2+} + 4H_2O$$

【仪器、试剂与材料】

1. 仪器：台秤，电子天平，电炉，温度计，长颈漏斗，布氏漏斗，吸滤瓶，循环水真空泵，表面皿，称量瓶，干燥器，烘箱，试管，锥形瓶，烧杯，量筒。

2. 试剂与材料：H_2SO_4（$1mol\cdot L^{-1}$，$2mol\cdot L^{-1}$），$K_2C_2O_4$（饱和溶液），H_2O_2（3%），$H_2C_2O_4$（$1mol\cdot L^{-1}$，饱和溶液），$KSCN$（$0.1mol\cdot L^{-1}$），$CaCl_2$（$0.5mol\cdot L^{-1}$），$FeCl_3$（$0.1mol\cdot L^{-1}$），$Na_3[Co(NO_2)_6]$（1%），$K_3[Fe(CN)_6]$（$0.1mol\cdot L^{-1}$），$KMnO_4$ 标准溶液（$0.0200mol\cdot L^{-1}$），$Fe(NH_4)_2(SO_4)_2\cdot 6H_2O$（固体），乙醇（95%），丙酮，锌粉，pH试纸，毛笔。

【实验步骤】

1. 产品的制备

（1）草酸亚铁的制备

称取 5g 硫酸亚铁铵固体放在 100mL 烧杯中，然后加 15mL 蒸馏水和 0.5～1mL $1mol\cdot L^{-1}$ $H_2C_2O_4$，加热溶解后，再加入 25mL 饱和草酸溶液，加热搅拌至沸腾，然后迅速搅拌片刻，防止飞溅，停止加热，静置。待黄色晶体 $FeC_2O_4\cdot 2H_2O$ 沉淀后倾析，弃去上层清液，加入 20mL 蒸馏水洗涤晶体，搅拌并温热，静置，弃去上层清液，即得黄色晶体草酸亚铁。

（2）三草酸合铁(Ⅲ)酸钾的制备

往草酸亚铁沉淀中加入饱和 $K_2C_2O_4$ 溶液 10mL，水浴加热 40℃，恒温下慢慢滴加 3% 的 H_2O_2 溶液 20mL，沉淀转变为深棕色，边加边搅拌。加完后将溶液加热至沸，然后加入 20mL 饱和 $H_2C_2O_4$ 溶液，沉淀立即溶解，溶液转变为绿色。趁热过滤，滤液转入 100mL 烧杯中，加入 95% 乙醇 25mL，混匀后冷却，可以看到烧杯底部有晶体析出。为了加快结晶速度，可往其中滴加 KNO_3 溶液。晶体完全析出后，抽滤，用乙醇－丙酮的混合液 10mL 洗涤，抽干混合液。固体产品置于一表面皿上，置暗处晾干、称重、计算产率。

2. 产品的光敏检验

① 在表面皿上放少许 $K_3[Fe(C_2O_4)_3]\cdot 3H_2O$ 产品，在日光下放置一段时间，观察晶体颜色的变化，与在暗处的晶体进行比较。

② 取 0.5mL 上述产品的饱和溶液与等体积的 $0.1mol\cdot L^{-1}$ $K_3[Fe(CN)_6]$ 溶液混合均匀。用毛笔蘸此溶液在白纸上写字，置于强光下照射，观察颜色的变化。

3. 产品的性质检验

（1）K^+ 的鉴定

取一滴产物溶液加入一滴 $Na_3[Co(NO_2)_6]$ 溶液，观察现象。

（2）Fe^{3+} 的鉴定

在试管中滴加 0.5mL 产物溶液，另一支试管中滴加等体积的三氯化铁溶液。各加入两滴 $KSCN$ 溶液，观察现象。在产物试管中再滴加两滴 $0.2mol\cdot L^{-1}$ 硫酸溶液，观察颜色的变化情况，解释实验现象。

（3）$C_2O_4^{2-}$ 的鉴定：在试管中加入 0.5mL 产物溶液，另一支试管中滴加等体积的草酸钾溶液。各加入两滴 $0.5mol \cdot L^{-1} CaCl_2$ 溶液，观察实验现象有何不同。

4. 三草酸合铁酸钾组成的测定

（1）$KMnO_4$ 溶液的标定

用电子天平准确称取 0.13～0.17g 草酸钠三份，分别置于 250mL 锥形瓶中，加水 50mL 使其溶解，加入 10mL $3mol \cdot L^{-1}$ 硫酸溶液，在水浴上加热到 75～85℃。趁热用待标定的高锰酸钾溶液滴定，开始时滴定速度应慢，待溶液中产生 Mn^{2+} 后，滴定速度可适当加快，但仍须逐滴加入，滴定至溶液呈现微红色并持续 30s 内不褪色即为终点。根据每份滴定中草酸钠的质量和消耗的高锰酸钾溶液体积，计算出高锰酸钾溶液的浓度。

（2）草酸根含量的测定

把制得的 $K_3[Fe(C_2O_4)_3] \cdot 3H_2O$ 在 50～60℃于烘箱中干燥 1h，在干燥器中冷却至室温，精确称取样品 0.2～0.3g，放入 250mL 锥形瓶中，加入 25mL 水和 5mL $1mol \cdot L^{-1}$ 硫酸溶液，用标准 $0.0200mol \cdot L^{-1}$ 高锰酸钾溶液滴定。滴定时先滴入 8mL 左右的高锰酸钾标准溶液，然后加热到 75～85℃（以液面冒水汽为宜），直至紫红色消失。再用高锰酸钾滴定热溶液，直至微红色在 30s 内不消失。记下消耗高锰酸钾标准溶液的总体积，计算 $K_3[Fe(C_2O_4)_3] \cdot 3H_2O$ 中草酸根的质量分数，并换算成物质的量。滴定后的溶液保留待用。

（3）铁含量的测定

在上述滴定过草酸根的保留液中加锌粉还原，至黄色消失。加热 3min，使 Fe^{3+} 完全转变为 Fe^{2+}，抽滤，用温水洗涤沉淀。滤液转入 250mL 锥形瓶中，再利用高锰酸钾溶液滴定至微红色，计算 $K_3[Fe(C_2O_4)_3] \cdot 3H_2O$ 中铁的质量分数，并换算成物质的量。

（4）结晶水质量分数的测定

洗净两个称量瓶，在 110℃下干燥 1h，置于干燥器中。待冷却至室温后，在电子天平上称重，然后再放入烘箱中继续干燥。重复上述操作：干燥 0.5h、冷却、称重，直至质量恒定（两次称重相差不超过 0.0003g 为准）。

在电子天平上准确称取两份产品各 0.5～0.6g，分别放入上述已经质量恒定的两个称量瓶中。将装有产品的两个称量瓶在 110℃的烘箱中干燥 1h 后，置于干燥器中。待冷却至室温后，在电子天平上称重。然后再放入烘箱中继续干燥，重复上述操作：干燥 0.5h、冷却、称重，直至质量恒定。根据实验结果，计算产品中结晶水的质量分数。

【实验结果与数据处理】

1. 确定 Fe^{3+} 与 $C_2O_4^{2-}$ 的配位比。

2. 根据上述实验结果，计算 K^+ 的质量分数，并根据实验结果推导出配合物的化学式。

【实验注意事项】

1. 水浴 40℃ 加热，慢慢滴加 H_2O_2 以防止其分解。

2. 减压过滤要规范，尤其注意在抽滤过程中，勿用水冲洗粘附在烧杯和布氏滤斗上的少量绿色产品，否则将大大影响产量。

3. $K_3[Fe(C_2O_4)_3]$ 溶液应达到饱和，否则冷却时晶体无法析出。

【思考题】

1. 根据 $K_3[Fe(C_2O_4)_3]$ 的性质，该化合物应该如何保存？

2. 标定高锰酸钾溶液浓度时，溶液的酸度是否会对反应产生影响？如果在弱酸性介质中反应，将会产生什么现象？

3. 本实验为什么不直接用三价铁盐与草酸钾反应制备？试说明原因。

【e 网链接】

1. http：//wenku. baidu. com/view/b8be35f3ba0d4a7302763a50. html

2. http：//wenku. baidu. com/view/51db5a29e2bd960590c6773e. html

3. http：//baike. baidu. com/view/2489079. htm

4. http：//www. docin. com/p-544960720. html&s＝3114FA311601900E79D00249EBFC4134

5. http：//blog. sina. com. cn/s/blog _ 7de5ba840100s6cr. html

实验 35　由鸡蛋壳制备丙酸钙

【实验目的与要求】

1. 了解丙酸钙的性质、制备原理及方法；

2. 掌握减压过滤、蒸发浓缩和高温煅烧的实验方法；

3. 了解防腐剂的相关知识，明确丙酸钙作为防腐剂的优点；

4. 复习并进一步掌握重结晶的实验方法；

5. 复习巩固 EDTA 标定的基本操作及原理。

【实验原理】

丙酸钙是我国近年来发展起来的一种食品防腐剂。丙酸钙作为防腐剂虽然起步较晚，但是发展十分迅速。这和丙酸钙的作用和优势是分不开的。丙酸钙不仅可以延长食品的保质期，而且能够在人体内水解成丙酸和钙离子，其中丙酸是牛奶和牛羊肉中常见的脂肪酸成分，钙离子有补钙的作用，它们都可以作为营养物质被人体吸收。由此可见，丙酸钙和其他我们经常见到的防腐剂比起来具有以下优点：①有效钙含量高、防腐保鲜的同时还具备补钙作用；②绿色环保，对人体没有危害；③丙酸钙水溶性好，溶解速度快，溶液清澈透明；④丙酸钙防腐保鲜性能突出。丙酸钙属于酸性食品防腐剂，广泛应用于面包、西点、酱油及水果等食品的防腐保鲜，对霉菌、好气型芽孢杆菌、革兰阴性菌等食品工业菌类有很好的杀灭作用，还可抑制黄曲霉素的产生，其防腐作用良好，且无毒、安全。

丙酸钙 $Ca(CH_3CH_2COO)_2$ 在常温下是一种白色结晶性粉末，熔点 300℃ 以上(分解)，无臭或具轻微臭。可制成一水物或三水物，为单斜板状结晶，可溶于水(1g 约溶于 3mL 水)，微溶于甲醇、乙醇，不溶于苯及丙酮。其无水盐在 200～210℃ 发生相变，在 330～340℃ 分解为碳酸钙。随着人们生活水平的提高和食品工业的发展，大量含有钙源的生活废弃物如蛋壳、贝壳、动物骨类等会造成环境污染，利用这些生活废弃物来生产丙酸钙可以起到变废为宝的效果。

本实验采用蛋壳作为原料制备丙酸钙。蛋壳中含有约 93％ $CaCO_3$、1.0％ $MgCO_3$、2.8％ $MgHPO_4$ 及 3.2％有机物，有害元素含量极微，主要杂质元素是镁，处理成本较低，容易制得合格产品。利用 $CaCO_3$ 制 $Ca(CH_3CH_2COO)_2$ 的反应方程式为：

$$CaCO_3 + 2CH_3CH_2COOH = Ca(CH_3CH_2COO)_2 + CO_2 + H_2O$$

再经过一系列的过滤、加热浓缩、减压抽滤等操作就可以得到产物丙酸钙。产品验纯时利用 EDTA 与钙离子结合形成配合物来滴定测得 Ca^{2+} 浓度进而求得丙酸钙的量。为避免镁离子等的干扰，用 10% NaOH 将 pH 值调至 12。

【仪器、 试剂与材料】

1. 仪器：坩埚，电炉，容量瓶，锥形瓶，移液管，酸式滴定管，研钵，烧杯，玻璃棒，水浴锅，电子天平，量筒，水泵，抽滤瓶，布氏漏斗，普通漏斗，表面皿，石棉网，烘箱。

2. 试剂与材料：钙指示剂，NaOH(10%)，EDTA，去离子水，HCl($6mol \cdot L^{-1}$)，丙酸，蛋壳，滤纸，沸石。

【实验步骤】

1. 制备产品

① 选择原料蛋壳，剥去白色薄膜，放入烘箱中烘干，将烘干过的蛋壳用研钵研成粉末状备用。

② 称取两份大约 8.0g 的蛋壳粉，分别放在两个 250mL 的烧杯里，然后向两个烧杯里分别加入 100mL 的去离子水。将其中一个烧杯编为 2 号，放入 50℃ 水浴锅中；另一个处于常温条件下的即为 1 号烧杯。取两份约 12mL 的丙酸分别加入两个烧杯中。每次加入适量，约 70min 加完。反应过程中要不断搅拌，使 CO_2 迅速逸出，反应快速进行。

③ 反应结束后，对两种溶液进行过滤。烧杯的内壁和玻璃棒要用少量去离子水冲洗，将滤纸上的杂质连同滤纸一起放在表面皿上，放入烘箱中烘干，并称量其质量。常温条件下的记为 m_1，水浴条件下的记为 m_1'。得到的母液倒入两个 250mL 烧杯中，放在电炉上蒸发浓缩，注意要加入几粒沸石防止暴沸，且直到出现晶膜时才开始搅拌。浓缩到一定程度后拿下，将剩余液倒入坩埚中(加入几粒沸石)继续加热浓缩，待剩余少量液体时停止加热，冷却至室温，进行一次抽滤。

④ 抽滤得到的固体产品要放在表面皿中(滤纸与产品一同取下)，放入 110℃ 烘箱中烘干，常温条件下的固体质量记为 m_2，水浴条件下的记为 m_2'，注意勿用水洗固体以免溶解。母液倒入坩埚中，在电炉上蒸干，常温下的质量记为 m_3，水浴下的记为 m_3'。

2. 检测产品纯度

① 选择常温条件下得到的固体产品称量 1.0g，放入烧杯中加入去离子水溶解，转移到 250mL 容量瓶中，然后定容。注意定容后要颠倒几次使其混匀。

② 用移液管取 25mL 定容好的溶液于 100mL 锥形瓶中，加入 5mL 10% NaOH，再加入 25mL 去离子水，加入 10mg 钙指示剂。用酸式滴定管取 EDTA(已标定浓度)对其进行滴定，滴定终点溶液颜色由紫红色变为蓝色。平行滴定 3 次，记录 3 次消耗的体积 V_1、V_2、V_3。

③ 选择 50℃ 水浴条件下得到的固体产品称量 1.0g，重复步骤①、②。记录 3 次消耗的体积 V_1'、V_2'、V_3'。

3. EDTA 的标定

称取 0.5g $CaCO_3$ 用 1∶1 盐酸溶解后转入 250mL 容量瓶中用去离子水定容，用移液管移取 25mL 于 100mL 锥形瓶中，加入 5mL 10% NaOH 溶液，加入 25mL 去离子水，再加入

10mg 钙指示剂，用 EDTA 进行标定。平行标定 2 次，取平均值。

【实验结果与数据处理】

1. 产率计算

（1）常温条件下的产率（见表 35-1）

表 35-1　丙酸钙常温条件下的产率

蛋壳质量 m_0/g	杂质质量 m_1/g	产品质量 m_2/g	抽滤残渣 m_3/g	产率/%

（2）水浴条件下的产率（见表 35-2）

表 35-2　丙酸钙水浴条件下的产率

蛋壳质量 m_0'/g	杂质质量 m_1'/g	产品质量 m_2'/g	抽滤残渣 m_3'/g	产率/%

2. 纯度的计算

（1）常温条件下的纯度（见表 35-3）

表 35-3　丙酸钙常温条件下的纯度

V_1/mL	V_2/mL	V_3/mL	$V_{平均}/mL$	纯度/%

（2）水浴条件下的纯度（见表 35-4）

表 35-4　丙酸钙水浴条件下的纯度

V_1'/mL	V_2'/mL	V_3'/mL	$V_{平均}'/mL$	纯度/%

【实验注意事项】

1. 在蒸发浓缩时，黏稠度不能太大以免混入杂质。

2. 在抽滤前要确保滤纸大小合适，防止在倾倒液体时将滤纸冲起，使滤渣进入滤液，引入杂质。

3. 在进行第一次抽滤时，开始先慢慢倒入少许溶液润湿滤纸，搅拌均匀后快速将全部溶液及残渣倒入进行抽滤。

4. 在重结晶过程中，出现晶膜之后应该立即快速搅拌，并且降低加热温度。

【思考题】

1. 本实验产生误差的原因有哪些？

2. 在溶液中滴加丙酸时，要边滴加边快速搅拌，为什么？

3. 在滴定时，氢氧化钠能否提前添加？为什么？

【e 网链接】

1. http：//wenku.baidu.com/view/0e743e3a87c24028915fc3f7.html

2. http：//wenku.baidu.com/view/2d405e3a5727a5e9856a6114.html

3. http://wenku.baidu.com/view/78736496daef5ef7ba0d3c80.html

4. http://wenku.baidu.com/view/bb81f2848762caaedd33d409.html

实验 36　从含碘废液中回收碘

【实验目的与要求】

1. 学习从含碘废液中回收碘的方法；

2. 了解废物回收的目的和意义；

3. 通过本次实验初步掌握废物回收的实验设计。

【实验原理】

碘是人体必需的微量元素，在医药和工业中都有广泛的应用，并且制取单质碘的工艺复杂，成本昂贵。在化学实验中常有含碘废液或废渣产生，如在化学反应速率和活化能的测定实验中，有大量的碘生成，如果直接视为实验废液倒掉，不仅造成碘资源的浪费，而且带来环境污染。因此从含碘废液中回收碘，充分利用二次资源是非常重要的。

收集含碘废液时，一般先用还原剂将碘还原成 I^- 储存起来，收集到一定量以后，再进行集中回收。含碘废液可以通过与二氧化锰反应直接生成 I_2。含碘废液还可以通过与硫代硫酸钠、硫酸铜反应，生成 CuI 沉淀，然后生成的 CuI 再被浓硝酸氧化即有 I_2 析出，用升华的方法将 I_2 收集提纯。涉及的化学反应如下：

$$I_2 + SO_3^{2-} + H_2O = 2I^- + SO_4^{2-} + 2H^+ \tag{36-1}$$

$$2I^- + 2Cu^{2+} + SO_3^{2-} + H_2O = 2CuI + SO_4^{2-} + 2H^+ \tag{36-2}$$

$$2CuI + 8HNO_3 = 2Cu(NO_3)_2 + 4NO_2 + I_2 + 4H_2O \tag{36-3}$$

$$MnO_2 + 4H^+ + 2I^- = I_2 + Mn^{2+} + 2H_2O \tag{36-4}$$

【仪器、试剂与材料】

1. 仪器：移液管(25.00mL)，锥形瓶(250mL)，酒精灯，表面皿。

2. 试剂与材料：含碘废液，$H_2SO_4(1mol \cdot L^{-1})$，$KIO_3$ 标准溶液(根据含碘废液确定浓度)，$KI(1mol \cdot L^{-1})$，淀粉溶液，$Na_2S_2O_3$(标准溶液)，$CuSO_4$(饱和溶液)，浓硝酸，Na_2SO_3(固体)，$CuSO_4 \cdot 5H_2O$(固体)。

【实验步骤】

1. 含碘废液中碘含量的测定

用移液管移取含碘废液 25.00mL 置于 250mL 锥形瓶中，加入 0.5mL 1mol·L⁻¹ H_2SO_4 酸化后，再加入 5mL 水，加热煮沸。稍冷，加入 KIO_3 标准溶液 10.00mL。(使用什么量具量取 KIO_3 溶液?)小火加热煮沸，蒸发除去析出的碘。冷却后再加入 5mL 1mol·L⁻¹ KI 溶液(此过程中 KI 溶液需过量)，使 KI 与溶液中剩余的 KIO_3 反应。再次小火加热煮沸，蒸发除去析出的碘。

上述溶液中过量的 KI 用 $Na_2S_2O_3$ 标准溶液滴定至溶液呈浅黄色时，加入淀粉溶液，继

续用 $Na_2S_2O_3$ 标准溶液滴定至蓝色恰好消失，即为终点。平行滴定 2～3 次。计算含碘废液中碘离子的含量（$mg \cdot L^{-1}$）。

2. 从含碘废液中回收碘

① 根据实验步骤 1 中所测含碘废液中碘离子的含量，计算处理一定量废液，使碘离子沉淀为 CuI 所需要的 Na_2SO_3 和 $CuSO_4 \cdot 5H_2O$ 的理论质量，并用电子分析天平称量所需药品，记录质量。

② 用移液管移取含碘废液 25.00mL 置于 250mL 锥形瓶中，用 $1mol \cdot L^{-1} H_2SO_4$ 酸化后再加入 5mL 水，加热煮沸。将称量的 Na_2SO_3 溶于 25.00mL 含碘废液中。将 $CuSO_4 \cdot 5H_2O$ 配成饱和溶液（如何配制硫酸铜饱和溶液？）。在不断搅拌下将硫酸铜溶液滴加到含碘废液中，加热至 70℃ 左右。待沉淀完全后，停止加入硫酸铜饱和溶液，静置，倾去上层清液（如何判断沉淀已经完全？）。使含有沉淀的悬浊液体积保持在约 20mL，并将其转移到烧杯中，在烧杯上盖上表面皿。

③ 按反应方程式（36-3）计算所需要的浓硝酸体积，在搅拌下将量取的浓硝酸逐渐滴加到盛有沉淀的烧杯中，当碘析出完全后，静置，倾去上层清液，用少量水洗涤碘晶体。（如何操作？）

④ 碘的升华。将装有冷水的圆底烧瓶置于盛放碘晶体的烧杯上，烧杯放在砂盘上缓慢加热至 100℃ 左右，在烧瓶底部就会析出碘晶体。升华结束后可收集碘，称量。

【实验结果与数据处理】

1. 记录实验现象和实验数据。
2. 根据实验步骤 1 计算含碘废液中碘离子的含量（$mg \cdot L^{-1}$）。
3. 计算碘的回收率。

【实验注意事项】

1. 测定含碘废液中的碘含量时，加入过量碘酸钾溶液后，应将反应析出的碘经小火加热煮沸使其挥发释出。否则，将影响含碘废液中碘含量的测定结果。

2. 淀粉指示剂应在临近终点时加入，不能加入过早。否则将有较多的碘与淀粉指示剂结合，而这部分碘在终点时解离较慢，会造成终点滞后。

【思考题】

1. 含碘废液的碘含量测定中，是否可以直接加入过量的碘酸钾与碘离子反应？生成的碘为什么用标准硫代硫酸钠滴定？

2. 用硫代硫酸钠滴定碘时，滴定至终点后再经过几分钟，溶液又会出现蓝色（用淀粉作指示剂），这是为什么？是否还要继续加硫代硫酸钠使蓝色褪去？为什么？

3. 请写出实验步骤 2 过程中的反应方程式。

【e 网链接】

1. http：//www.doc88.com/p-178870735901.html
2. http：//www.cnki.com.cn/Article/CJFDTotal-ZHOU198004023.htm
3. http：//wenku.baidu.com/view/1dab186aa45177232f60a286.html
4. http：//wenku.baidu.com/view/8ccdcf1ca8114431b90dd8cd.html

实验 37　从含银废液中回收银

【实验目的与要求】

1. 掌握硫化钠沉淀法回收银的实验原理；
2. 巩固滴定操作和马弗炉的使用；
3. 了解废物回收利用的意义。

【实验原理】

含银废液主要来自照相馆、医院、物理实验室的废定影液，化学实验室以及镀银槽液等。在这些废液中银通常以 $Na_3[Ag(S_2O_3)_2]$、$AgCl$、$AgCN$ 等形式存在。

目前从废液中回收银的方法主要有：电解法、金属锌置换法、连二亚硫酸钠还原法、硫化钠沉淀法和离子交换法等，其中硫化钠沉淀法是一种简单、传统、应用最早和最广泛的方法。

尽管不同的含银废液中银的存在形式不同，但都可以使用配位剂使其转化为银的络合离子，然后向该溶液中加入硫化钠溶液形成黑色的硫化银沉淀。如化学实验中硝酸银滴定法的实验过程中产生的含银废液，含有氯化银和铬酸银（铬酸根离子作为指示剂，指示终点时生成黄色的铬酸银），可以在搅拌下，向该含银废液中滴加浓盐酸，至不再析出白色的乳状氯化银沉淀。在该沉淀完全沉降后，倾倒出母液。用去离子水洗涤沉淀至不再含有氯离子。向洗涤后的沉淀中加入过量的浓氨水，至沉淀完全溶解，离心分离，向离心液中加入一定量的硫化钠，即可将含银废液中的银转换成硫化银。相关主要反应方程式如下：

$$AgCl(s) + 2NH_3 =\!=\!= [Ag(NH_3)_2]^+ + Cl^- \tag{37-1}$$

$$2[Ag(NH_3)_2]^+ + S^{2-} =\!=\!= Ag_2S\downarrow + 4NH_3 \tag{37-2}$$

沉淀中夹杂的可溶性杂质可以用去离子水洗涤除去；硫化钠可能带入的单质硫以及其他难溶性杂质，则可通过与硝酸钠共热，使之转化为可溶性硫酸盐等，然后进一步洗涤去除。最后将得到的硫化银放在坩埚里，通过高温灼烧可得到单质银：

$$Ag_2S + O_2 =\!=\!= 2Ag + SO_2 \tag{37-3}$$

【仪器、试剂与材料】

1. 仪器：量筒（50mL），烧杯（500mL），玻璃棒，漏斗，滤纸，坩埚，马弗炉，铁架台。

2. 试剂与材料：含银废液，HCl（$1mol\cdot L^{-1}$），Na_2S（$1mol\cdot L^{-1}$），浓氨水，硝酸钠（固体），碳酸钠（固体），硼砂（固体），铁片。

【实验步骤】

1. 硫化银沉淀的生成和分离

量取 400mL 实验室含银废液置于烧杯中，边搅拌边加入 $1mol\cdot L^{-1}$ HCl 溶液至沉淀完全（如何判定银离子沉淀完全？）。弃去上层清液，下层沉淀经减压过滤，再用去离子水洗涤至滤液呈中性（如何检验？）。将沉淀转移到 100mL 烧杯中，加入浓氨水至沉淀完全溶解，离心分离出铬酸银，保留离心液。接着向离心液中滴加 $1mol \cdot L^{-1} Na_2S$ 溶液，至沉淀完全。（如何判断沉淀完全？）

沉淀完全后的上述溶液经过减压过滤，用去离子水洗涤沉淀至滤液呈中性，将沉淀连同滤纸一起放入蒸发皿中，用小火将沉淀烘干。

2. 银的提取

将烘干的硫化银粉末转移到刚玉坩埚中，放入 1200℃ 的马弗炉中加热 40min 左右，关闭电源，自然冷却到室温，得到浅灰色的银锭。如果还有黑色的硫化银存在，则可以加入适量的铁片作为熔剂，再次在 1200℃ 进行高温灼烧，即可得到银灰色的银锭。

【实验结果与数据处理】

1. 记录实验过程和现象。
2. 称量所得金属银的质量。
3. 计算回收银的产率。

【实验注意事项】

1. 注意沉淀完全的操作和检测操作。
2. 马弗炉使用中应注意温度设定以及高温过程中的实验操作。

【思考题】

1. 在沉淀生成的实验操作过程中，如何判断相应物质已经被沉淀完全？
2. 在实验过程中使用熔剂来提取银，可以作为熔剂的有哪些金属和盐类？
3. 查阅文献，了解回收银的其他方法，并简述实验步骤。

【e 网链接】

1. http://www.doc88.com/p-6475931346808.html
2. http://wuxizazhi.cnki.net/Search/HXXY200902011.html
3. http://www.cqvip.com/Main/Detail.aspx? id=8336643
4. http://wenku.baidu.com/view/b089868d84868762caaed5f3.html

实验 38 磷钨酸的制备

【实验目的与要求】

1. 掌握乙醚萃取制备多酸的方法；
2. 进一步练习萃取操作。

【实验原理】

多酸是简单的含氧酸在一定条件下，彼此缩合而成的比较复杂的酸。含有相同酸酐的多酸称为同多酸，同多酸是由两个或两个以上相同的简单含氧酸分子脱水缩合而成的。同多酸的形成与溶液的 pH 值有密切关系，随着 pH 值的减小，缩合程度增大。含有不同酸酐的多酸称为杂多酸，对应的盐则称为杂多酸盐。多酸化合物的主要用途是作为一种新型的、有广泛用途的催化剂。

钨是银白色金属，原子价层有 6 个电子可以参与形成金属键，是所有金属中熔点最高的。钨在化学性质上的显著特点之一是在一定条件下，容易自聚或与其他元素聚合，形成多酸或多酸盐。$[PW_{12}O_{40}]^{3-}$ 是具有凯格恩结构的杂多化合物的典型代表之一。钨和磷等元素的简单化合物在溶液中经过酸化缩合便可生成十二磷钨酸阴离子：

$$12WO_4^{2-} + HPO_4^{2-} + 23H^+ \Longrightarrow [PW_{12}O_{40}]^{3-} + 12H_2O$$

在这个过程中，H^+ 与 WO_4^{2-} 中的氧结合形成水分子，从而使得钨原子之间通过共享氧原子的配位形成多核簇状结构的杂多钨酸阴离子，该阴离子与 H^+ 结合就得到 $H_3[PW_{12}O_{40}] \cdot xH_2O$。

乙醚萃取制备十二磷钨酸是一种经典的制备方法。向反应体系中加入乙醚并酸化，经过乙醚萃取后液体分为三层，上层是有少量杂多酸的醚，中间是氯化钠、盐酸和其他物质的水溶液，下层是油状的多杂酸醚合物。收集下层溶液，然后将醚蒸发除去，即可析出杂多酸晶体。

【仪器、试剂与材料】

1. 仪器：电子分析天平，烧杯(100mL)，分液漏斗。
2. 试剂与材料：$Na_2WO_4 \cdot 2H_2O$(固体)，NaH_2PO_4(固体)，HCl(浓，$6mol \cdot L^{-1}$)，乙醚，pH 试纸。

【实验步骤】

称取 10.0g $Na_2WO_4 \cdot 2H_2O$ 和 1.6g NaH_2PO_4 溶于 50mL 蒸馏水中，加热搅拌使其溶解(溶液稍浑浊)，在微沸的条件下，搅拌、缓慢滴加 10mL 浓 HCl，调节溶液的 pH=2(此时溶液澄清)。继续滴入浓 HCl，则有黄钨酸沉淀出现，随着 HCl 的继续加入，黄色沉淀消失，此时停止加 HCl(此过程约需 10min)。若溶液呈蓝色，是由于钨酸的氧化作用所致，需要向溶液中滴加 3% 双氧水至蓝色退去，冷却至 40℃。

将烧杯中的溶液和析出的少量固体一并转移到分液漏斗中，加入 10mL 乙醚，再加入 3mL $6mol \cdot L^{-1}$ HCl，充分振荡萃取后，静置。分出下层油状物到另一个分液漏斗中，再加入 2mL 浓 HCl、8mL 水和 4mL 乙醚，剧烈振荡后，静置(此时油状物应澄清无色，如颜色偏黄可继续萃取 1~2 次)，分出澄清的第三相(在哪一层)于蒸发皿中，加入少量蒸馏水(15~20 滴)，搅拌，在 60℃ 水浴上蒸发浓缩，直至液体表面有晶膜出现为止。冷却，待乙醚完全挥发后，得无色透明的十二磷钨酸晶体。

【实验结果与数据处理】

1. 记录实验现象。
2. 称量最终所得产物的质量，并计算产率。

【实验注意事项】

1. 十二磷钨酸具有较强的氧化性，在制备过程中要注意防止溶液颜色变蓝(蓝色是由于发生氧化还原反应所致)，注意加入双氧水加以消除。
2. 萃取操作过程中要分清楚各溶液层对应的物质。在本实验中最上层是乙醚，中间层是氯化钠、盐酸和其他物质的水溶液，最下层是油状的十二磷钨酸醚合物。

【思考题】

1. 萃取分离时，静置后溶液分三层，请问每层各为何物？

2. 用乙醚时，要注意哪些事项？

【e网链接】

1. http：//www.doc88.com/p-703867816340.html
2. http：//www.cnki.com.cn/Article/CJFDTotal-GPSS904.024.htm
3. http：//www.google.com.tw/patents/CN1301592A？cl＝zh
4. http：//www.cqvip.com/qk/92519X/199904/3722192.html

实验 39 熔盐法制备 $K_2Ti_6O_{13}$

【实验目的与要求】

1. 了解 $K_2Ti_6O_{13}$ 的性质和用途，了解钛酸盐的常用制备方法；
2. 掌握熔盐法制备钛酸盐的方法和原理；
3. 巩固马弗炉的使用方法。

【实验原理】

熔盐又称为离子熔体，不仅指盐类的熔融体，也包括熔融的碱、氧化物或硫族化合物。根据组成和性质，离子熔体可以分为简单盐离子熔体（NaCl）、含氧阴离子熔体（$NaNO_3$）、聚合或网络熔体（如 $Na_2O \cdot B_2O_3$）、分子熔体（$HgCl_2$）和含水熔体 $[Zn(NO_3)_2 \cdot 6H_2O]$ 五大类。在实际应用中，熔盐被分为高温熔盐（$T > 473K$）和室温熔盐（$273K < T < 473K$）两大类。

熔盐合成法通常采用一种或多种低熔点的盐类作为反应介质，可以使反应在较低的反应温度下进行，反应物在熔盐中有一定的溶解度。反应结束后，使用合适的溶剂将盐类溶解，经过滤洗涤后即可得到合成产物（熔盐可以通过该过程去除）。由于以低熔点盐作为反应介质，因此合成过程中有液相出现，反应物在其中有一定的溶解度，大大加快了离子的扩散速率，使反应物在液相中实现了原子尺度的混合，反应由固固反应转化为固液反应。该法相对于常规固相法而言，具有工艺简单、合成温度低、保温时间短、合成的粉体化学成分均匀、晶体形貌好、物相纯度高等优点。此外，熔盐易分离，也可重复使用。

钛酸钾是一种物理化学性能优异的无机材料，其组成通式为 $K_2Ti_nO_{2n+1}$（$3 \leqslant n \leqslant 8$），不同的钛酸钾在结构性能上有显著的差异。$K_2Ti_6O_{13}$ 具有高热导性能和化学稳定性、优良的力学性能、良好的生物功能及催化活性等性能，被用于绝热材料、加固材料、功能性填充料、阳离子交换剂和催化剂等行业。

该实验中选择等物质的量比的氯化钠和氯化钾作为熔盐，熔点约为 334℃ 的 KNO_3 和 P25 TiO_2 纳米晶作为反应原料。其中 P25 TiO_2 纳米晶颗粒小、比表面积大、表面能高，具有较高的反应活性，可以使制备工艺条件温和，提高产品的性能。

【仪器、试剂与材料】

1. 仪器：电热恒温鼓风干燥箱，高温箱式马弗炉，玛瑙研钵，刚玉坩埚，坩埚钳，烧杯。
2. 试剂与材料：KNO_3（固体），P25 TiO_2（固体），HNO_3（$1mol \cdot L^{-1}$），NaCl（固体），

KCl(固体)。

【实验步骤】

$K_2Ti_6O_{13}$ 的合成:称取 1.5g 等物质的量比的 NaCl 和 KCl、3mmol KNO_3 和 8.64mmol P25 TiO_2 粉末,在玛瑙研钵中充分研磨 20min 以便混合均匀,将混合均匀的反应物转移到刚玉坩埚中,置于马弗炉中,于 600℃加热 10h,然后自然冷却到室温。

使用 $1mol \cdot L^{-1} HNO_3$ 溶液浸泡所得产品,再用去离子水反复清洗至中性,在烘箱中 100℃烘干,即得产品。

测定合成产品的荧光。

【实验结果与数据处理】

1. 计算 $K_2Ti_6O_{13}$ 的产率。
2. 根据荧光测试结果,用绘图软件绘制 $K_2Ti_6O_{13}$ 的荧光谱图。

【实验注意事项】

1. 在研磨过程中用力应均匀,要尽可能充分地混合均匀。
2. 放入马弗炉中的坩埚要加盖,防止反应剧烈,反应物溅出。
3. 所得产品为白色粉末。

【思考题】

1. 查阅文献,了解钛酸钾的其他性质以及制备方法。
2. 查阅资料,了解其他形式钛酸钾的制备工艺。
3. 钛酸钾的荧光性能可以有哪些方面的应用?

【e 网链接】

1. http://www.cnki.com.cn/Article/CJFDTotal—HGYJ200701017.htm
2. http://www.doc88.com/p-530793237751.html
3. http://www.patent-cn.com/C30B/CN1472369.shtml
4. http://www.shangxueba.com/lunwen/view/82/244840.htm

实验 40   硫化锡的制备及其光催化还原水中甲基橙

【实验目的与要求】

1. 熟悉硫化锡的性质和用途,掌握沉淀法制备物质的操作;
2. 掌握半导体光催化的实验原理;
3. 巩固紫外分光光度计的使用和操作;
4. 掌握利用绘图软件进行数据处理的方法。

【实验原理】

SnS_2 是一种带隙值为 2.2eV(略小于 CdS 的带隙值)、具有 CdI_2 型层状结构的半导体,理论上可以利用 $\lambda \leqslant 563.6nm$ 的可见光作为光源来激发它,驱动光催化反应。SnS_2 作为光催化剂具有以下优点:在中性和酸性水溶液中具有良好的化学稳定性[通常 Cr(VI)的光催化还原反应在酸性条件下比在碱性条件下进行得更快],在空气中具有良好的抗氧化性和热稳定性,无毒。因此,SnS_2 是一种具有前途的可见光响应型光催化剂。

SnS_2 的合成方法很多,在本实验中使用 $SnCl_4 \cdot 5H_2O$ 和 Na_2S 作为反应原料,采用简单的沉淀法,在室温下合成 SnS_2。相关反应方程式:

$$Sn^{4+} + 2S^{2-} = SnS_2 \tag{40-1}$$

半导体光催化的原理如图40-1所示。半导体的光催化性质和其能带结构密切相关。半导体的能带结构一般包括:充满电子的能量较低的价带、无电子填充的能量较高的导带、导带和价带之间的能量间隔称为禁带(其大小称为带隙值)。

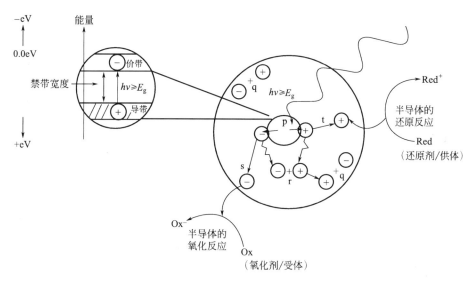

图40-1 半导体光催化的基本原理示意图

当用光子能量大于半导体带隙值的光照射半导体时,半导体吸收光子,使价带电子被激发到导带,同时在价带中留下相同数量带正电的空穴。光生空穴(h^+)具有很强的氧化性,而光生电子(e^-)具有很强的还原性,这就构成了一个高活性的氧化还原体系。一方面,光生空穴和电子会迁移到半导体表面并与表面吸附的物质发生氧化还原反应;另一方面,光生电子和空穴也可能在半导体粒子的内部和表面发生复合(也就是说处于激发态的导带上的电子,通过以放热和发光等形式释放能量,又回到价带上的基态),从而失去光催化活性。

$$SnS_2 + h\nu \longrightarrow SnS_2(e^- + h^+) \tag{40-2}$$
$$MO + h^+ \longrightarrow CO_2 + H_2O \tag{40-3}$$
$$2H_2O + 2e^- \longrightarrow H_2 + 2OH^- \tag{40-4}$$

光催化反应实验在自制的光催化反应器中进行。SnS_2 的光催化性质测试实验在光化学反应器中进行。在开灯光照前,取一定质量的产品于反应瓶中,加入一定体积和一定浓度的甲基橙溶液(MO),在反应器中避光搅拌 0.5h。然后打开光源照射,在光照反应过程中,每隔一段时间从反应瓶中取出 5mL 悬浊液,离心分离后的清液中的残留污染物的浓度采用吸光光度法测定。

在甲基橙溶液最大吸收峰 462nm 处测吸光度,光催化效率 β 定义为:

$$\beta = c_t/c_0 \tag{40-5}$$

式中,c_t 为光照 t min 时溶液中污染物的浓度;c_0 为光照前溶液中污染物的浓度。

最后根据实验结果绘图。

【仪器、 试剂与材料】

1. 仪器：光化学反应器、电子分析天平、布氏漏斗、循环水真空泵、紫外/可见分光光度计、比色皿、水浴锅、烘箱、烧杯。

2. 试剂与材料：$SnCl_4 \cdot 5H_2O$(固体)，Na_2S(固体)，甲基橙($10mg \cdot L^{-1}$)、吸水纸。

【实验步骤】

1. SnS_2 的合成

称取 5mmol $SnCl_4 \cdot 5H_2O$ 置于 50mL 烧杯中，加入 40mL 水溶液，搅拌使其溶解。在搅拌状态下加入 10mmol Na_2S，混合均匀后，置于 80℃ 的恒温水浴锅中反应 30min 后使其自然冷却到室温，将所得黄色沉淀进行减压抽滤，然后用去离子水洗涤数次，于 100℃ 的烘箱中干燥 1h 后研磨，即可制得 SnS_2 纳米粉。

2. SnS_2 的光催化性质

SnS_2 的光催化性质测试实验在光化学反应器中进行。在开灯光照前，取 0.3g 产品于反应瓶中，加入 100mL $10mg \cdot L^{-1}$ 甲基橙溶液(MO)，在反应器中避光搅拌 0.5h。然后打开荧光灯照射，在光照反应过程中，每隔 10min 从反应瓶中取出 5mL 悬浊液，离心分离后的清液中的残留污染物的浓度采用吸光光度法测定。记录相应时间的吸光度，待吸光度降低至零时，关闭光源，清洗反应瓶。

【实验结果与数据处理】

1. 计算 SnS_2 的产率。

2. 采用 Origin 软件，以时间对甲基橙降解率(吸光度)作图。

3. 求出该反应的反应速率。

【实验注意事项】

1. 在光催化反应进行前要避光搅拌，使其达到吸附-脱附平衡。

2. 由于光催化测试对实验操作的准确度要求高，因此在实验过程中操作尽可能规范、准确，减少人为误差。

【思考题】

1. 尝试写出本实验的光催化反应机理。

2. 在光催化测试过程中，有哪些因素影响甲基橙的降解率？

3. 光催化剂处理甲基橙水溶液的实验，对现实生活和生产有无指导意义？请阐述。

【e网链接】

1. http://www.docin.com/p-67187928.html

2. http://www.docin.com/p-685145235.html

3. http://www.docin.com/p-548811845.html

4. http://www.aptchina.com/zhuanli/3852903/

附 录

附录 1 相对原子质量表

（以 $^{12}C=12$ 为基准的相对原子质量）

名称	符号	相对原子质量	名称	符号	相对原子质量	名称	符号	相对原子质量
锕	Ac	138.91	铒	Er	167.2	氮	N	14.01
银	Ag	107.87	锿	Es	164.93	钠	Na	22.99
铝	Al	26.98	铕	Eu	151.96	铌	Nb	92.91
镅	Am	151.96	氟	F	18.99	钕	Nd	144.2
氩	Ar	39.94	铁	Fe	55.84	氖	Ne	20.17
砷	As	74.92	镄	Fm	167.2	镍	Ni	58.69
砹	At	201	钫	Fr	223	镎	Np	147
金	Au	196.97	镓	Ga	69.72	氧	O	16
硼	B	10.81	钆	Gd	157.25	锇	Os	190.2
钡	Ba	137.33	锗	Ge	72.59	磷	P	30.97
铍	Be	9.012	氢	H	1.008	镤	Pa	140.91
铋	Bi	208.98	氦	He	4.003	铅	Pb	207.2
锫	Bk	158.93	铪	Hf	178.4	钯	Pd	106.42
溴	Br	79.9	汞	Hg	200.5	钷	Pm	147
碳	C	12.01	钬	Ho	164.93	钋	Po	209
钙	Ca	40.08	碘	I	126.91	镨	Pr	140.91
镉	Cd	112.41	铟	In	114.82	铂	Pt	195.08
铈	Ce	140.12	铱	Ir	192.2	钚	Pu	150.4
锎	Cf	162.5	钾	K	39.09	铷	Rb	85.47
氯	Cl	35.45	氪	Kr	83.8	铼	Re	186.21
锔	Cm	157.25	镧	La	138.91	铑	Rh	102.91
钴	Co	58.93	锂	Li	6.94	氡	Rn	222
铬	Cr	51.99	镥	Lu	174.96	钌	Ru	101.07
铯	Cs	132.91	镁	Mg	24.31	硫	S	32.06
铜	Cu	63.54	锰	Mn	54.94	锑	Sb	121.7
镝	Dy	162.5	钼	Mo	95.94	钪	Sc	44.96

名称	符号	相对原子质量	名称	符号	相对原子质量	名称	符号	相对原子质量
硒	Se	78.9	锝	Tc	99	钒	V	50.94
硅	Si	28.09	碲	Te	127.6	钨	W	183.8
钐	Sm	150.4	钍	Th	140.12	氙	Xe	131.3
锡	Sn	118.6	钛	Ti	47.9	钇	Y	88.91
锶	Sr	87.62	铊	Tl	204.3	镱	Yb	173
钽	Ta	180.95	铥	Tm	168.93	锌	Zn	65.38
铽	Tb	158.93	铀	U	144.2	锆	Zr	91.22

附录 2　弱电解质的解离平衡常数 (298K)

名称	化学式	K		
亚砷酸	H_3AsO_3	6.0×10^{-10}		
砷酸	H_3AsO_4	$K_1 = 6.3 \times 10^{-3}$	$K_2 = 1.05 \times 10^{-7}$	$K_3 = 3.2 \times 10^{-12}$
硼酸	H_3BO_3	$K_1 = 5.8 \times 10^{-10}$	$K_2 = 1.8 \times 10^{-13}$	$K_3 = 1.6 \times 10^{-14}$
氢氰酸	HCN	6.2×10^{-10}		
碳酸	H_2CO_3	$K_1 = 4.2 \times 10^{-7}$	$K_2 = 5.6 \times 10^{-11}$	
次氯酸	HClO	3.2×10^{-8}		
氢氟酸	HF	6.61×10^{-4}		
高碘酸	HIO_4	2.8×10^{-2}		
亚硝酸	HNO_2	5.1×10^{-4}		
亚磷酸	H_3PO_3	$K_1 = 5.0 \times 10^{-2}$	$K_2 = 2.5 \times 10^{-7}$	
磷酸	H_3PO_4	$K_1 = 7.5 \times 10^{-3}$	$K_2 = 6.31 \times 10^{-8}$	$K_3 = 4.4 \times 10^{-13}$
氢硫酸	H_2S	$K_1 = 1.3 \times 10^{-7}$	$K_2 = 7.1 \times 10^{-15}$	
亚硫酸	H_2SO_3	$K_1 = 1.23 \times 10^{-2}$	$K_2 = 6.6 \times 10^{-8}$	
硫酸	H_2SO_4	$K_1 = 1.0 \times 10^3$	$K_2 = 1.02 \times 10^{-2}$	
苯酚	C_6H_5OH	1.1×10^{-10}		
甲酸	HCOOH	1.8×10^{-4}		
乙酸	CH_3COOH	1.74×10^{-5}		
草酸	$(COOH)_2$	$K_1 = 5.4 \times 10^{-2}$	$K_2 = 5.4 \times 10^{-5}$	
苯甲酸	C_6H_5COOH	6.3×10^{-5}		
水杨酸	$C_6H_4(OH)COOH$	$K_1 = 1.05 \times 10^{-3}$	$K_2 = 4.17 \times 10^{-13}$	
氨水	$NH_3 + H_2O$	1.78×10^{-5}		
苯胺	$C_6H_5NH_2$	3.98×10^{-10}		
甲胺	CH_3NH_2	4.17×10^{-4}		
乙胺	$CH_3CH_2NH_2$	4.27×10^{-4}		

附录 3　难溶电解质的溶度积常数 (298K)

难溶电解质	$K_{sp}^{\ominus}$	难溶电解质	$K_{sp}^{\ominus}$
AgBr	5.35×10^{-13}	$FeC_2O_4 \cdot 2H_2O$	3.2×10^{-7}
Ag_2CO_3	8.46×10^{-12}	$Fe(OH)_2$	4.87×10^{-17}
AgCl	1.77×10^{-10}	$Fe(OH)_3$	2.79×10^{-39}
$Ag_2C_2O_4$	5.40×10^{-12}	FeS	6.3×10^{-18}
Ag_2CrO_4	1.12×10^{-12}	Hg_2Cl_2	1.43×10^{-18}
$Ag_2Cr_2O_7$	2.0×10^{-7}	Hg_2I_2	5.2×10^{-29}
AgI	8.52×10^{-17}	$Hg(OH)_2$	3.2×10^{-26}
Ag_2S	6.3×10^{-50}	HgS(黑)	1.6×10^{-52}
Ag_2SO_4	1.20×10^{-5}	HgS(红)	4.0×10^{-53}
$Al(OH)_3$	1.3×10^{-33}	Hg_2S	1.0×10^{-47}
$BaCO_3$	2.58×10^{-9}	KIO_4	3.71×10^{-4}
BaC_2O_4	1.6×10^{-7}	$MgCO_3$	6.82×10^{-6}
BaF_2	1.84×10^{-7}	MgF_2	5.16×10^{-11}
$BaCrO_4$	1.17×10^{-10}	$Mg(OH)_2$	5.61×10^{-12}
$BaSO_4$	1.08×10^{-10}	$Mn(OH)_2$	1.9×10^{-13}
$Bi(OH)_3$	6.0×10^{-31}	MnS(结晶)	2.5×10^{-13}
Bi_2S_3	1.8×10^{-97}	MnS(无定形)	2.5×10^{-10}
BiOCl	1.8×10^{-31}	$NiCO_3$	1.42×10^{-7}
$Ca(OH)_2$	5.02×10^{-6}	$Ni(OH)_2$	5.48×10^{-16}
$Ca_3(PO_4)_2$	2.07×10^{-33}	α-NiS	3.2×10^{-19}
$CaSO_4$	4.93×10^{-5}	β-NiS	1.0×10^{-24}
$CaCO_3$	3.36×10^{-9}	γ-NiS	1.0×10^{-26}
$CaC_2O_4 \cdot H_2O$	2.32×10^{-9}	PbS	8.0×10^{-28}
CaF_2	3.45×10^{-11}	$Pb(OH)_2$	1.43×10^{-20}
CdS	8.0×10^{-27}	$Pb(OH)_4$	3.2×10^{-66}
$Cd(OH)_2$(新析出)	2.5×10^{-14}	$PbCO_3$	7.4×10^{-14}
$Co(OH)_2$(新析出)	1.6×10^{-15}	$PbCl_2$	1.7×10^{-5}
$Co(OH)_3$	1.6×10^{-44}	$PbCrO_4$	2.8×10^{-13}
α-CoS(新析出)	4.0×10^{-21}	PbI_2	9.8×10^{-9}
β-CoS(陈化)	2.0×10^{-25}	$PbSO_4$	2.53×10^{-8}
$Cr(OH)_3$	6.3×10^{-31}	$Sn(OH)_2$	5.45×10^{-27}
CuCl	1.72×10^{-7}	$Sn(OH)_4$	1.0×10^{-56}
CuI	1.27×10^{-12}	$PbBr_2$	6.60×10^{-6}
CuS	6.3×10^{-36}	PbC_2O_4	4.8×10^{-10}
Cu_2S	2.5×10^{-48}	SnS	1.0×10^{-25}

续表

难溶电解质	$K_{sp}^{\ominus}$	难溶电解质	$K_{sp}^{\ominus}$
SrCO₃	5.60×10^{-10}	Zn(OH)₂	3.0×10^{-17}
SrSO₄	3.44×10^{-7}	α-ZnS	1.6×10^{-24}
ZnCO₃	1.46×10^{-10}	β-ZnS	2.5×10^{-22}

附录 4 不同温度下水的饱和蒸气压

温度/℃	压力/kPa	温度/℃	压力/kPa	温度/℃	压力/kPa
0	0.611	30	4.246	60	19.932
1	0.657	31	4.495	61	20.873
2	0.706	32	4.758	62	21.851
3	0.758	33	5.034	63	22.868
4	0.814	34	5.323	64	23.925
5	0.873	35	5.627	65	25.022
6	0.935	36	5.945	66	26.163
7	1.002	37	6.280	67	27.347
8	1.073	38	6.630	68	28.576
9	1.148	39	6.997	69	29.852
10	1.228	40	7.381	70	31.176
11	1.313	41	7.784	71	32.549
12	1.403	42	8.205	72	33.972
13	1.498	43	8.646	73	35.448
14	1.599	44	9.108	74	36.978
15	1.706	45	9.590	75	38.563
16	1.819	46	10.094	76	40.205
17	1.938	47	10.620	77	41.905
18	2.064	48	11.171	78	43.665
19	2.198	49	11.745	79	45.487
20	2.339	50	12.344	80	47.373
21	2.488	51	12.970	81	49.324
22	2.645	52	13.623	82	51.342
23	2.810	53	14.303	83	53.428
24	2.985	54	15.012	84	55.585
25	3.169	55	15.752	85	57.815
26	3.363	56	16.522	86	60.119
27	3.567	57	17.324	87	62.499
28	3.782	58	18.159	88	64.958
29	4.008	59	19.028	89	67.496

温度/℃	压力/kPa	温度/℃	压力/kPa	温度/℃	压力/kPa
90	70.117	94	81.465	98	94.301
91	72.823	95	84.529	99	97.759
92	75.614	96	87.688	100	101.32
93	78.494	97	90.945	101	104.99

附录 5 标准电极电势(298K)

1. 在酸性溶液中

电对	方程式	$E^{\ominus}/V$
Li(Ⅰ)-(0)	$Li^+ + e^- = Li$	-3.0401
Cs(Ⅰ)-(0)	$Cs^+ + e^- = Cs$	-3.026
Rb(Ⅰ)-(0)	$Rb^+ + e^- = Rb$	-2.98
K(Ⅰ)-(0)	$K^+ + e^- = K$	-2.931
Ba(Ⅱ)-(0)	$Ba^{2+} + 2e^- = Ba$	-2.912
Sr(Ⅱ)-(0)	$Sr^{2+} + 2e^- = Sr$	-2.89
Ca(Ⅱ)-(0)	$Ca^{2+} + 2e^- = Ca$	-2.868
Na(Ⅰ)-(0)	$Na^+ + e^- = Na$	-2.71
Mg(Ⅱ)-(0)	$Mg^{2+} + 2e^- = Mg$	-2.372
Be(Ⅱ)-(0)	$Be^{2+} + 2e^- = Be$	-1.847
Al(Ⅲ)-(0)	$Al^{3+} + 3e^- = Al$	-1.662
Mn(Ⅱ)-(0)	$Mn^{2+} + 2e^- = Mn$	-1.185
Cr(Ⅱ)-(0)	$Cr^{2+} + 2e^- = Cr$	-0.913
Ti(Ⅲ)-(Ⅱ)	$Ti^{3+} + e^- = Ti^{2+}$	-0.9
Zn(Ⅱ)-(0)	$Zn^{2+} + 2e^- = Zn$	-0.7618
Cr(Ⅲ)-(0)	$Cr^{3+} + 3e^- = Cr$	-0.744
Ga(Ⅲ)-(0)	$Ga^{3+} + 3e^- = Ga$	-0.549
Fe(Ⅱ)-(0)	$Fe^{2+} + 2e^- = Fe$	-0.447
Cr(Ⅲ)-(Ⅱ)	$Cr^{3+} + e^- = Cr^{2+}$	-0.407
Cd(Ⅱ)-(0)	$Cd^{2+} + 2e^- = Cd$	-0.403
Se(0)-(-Ⅱ)	$Se + 2H^+ + 2e^- = H_2Se(aq)$	-0.399
Pb(Ⅱ)-(0)	$PbI_2 + 2e^- = Pb + 2I^-$	-0.365
Co(Ⅱ)-(0)	$Co^{2+} + 2e^- = Co$	-0.28
P(Ⅴ)-(Ⅲ)	$H_3PO_4 + 2H^+ + 2e^- = H_3PO_3 + H_2O$	-0.276
Pb(Ⅱ)-(0)	$PbCl_2 + 2e^- = Pb + 2Cl^-$	-0.2675
Ni(Ⅱ)-(0)	$Ni^{2+} + 2e^- = Ni$	-0.257
V(Ⅲ)-(Ⅱ)	$V^{3+} + e^- = V^{2+}$	-0.255
Ag(Ⅰ)-(0)	$AgI + e^- = Ag + I^-$	-0.1522

电对	方程式	$E^{\ominus}/V$
Sn(Ⅱ)-(0)	$Sn^{2+}+2e^-\Longrightarrow Sn$	-0.1375
Pb(Ⅱ)-(0)	$Pb^{2+}+2e^-\Longrightarrow Pb$	-0.1262
Fe(Ⅲ)-(0)	$Fe^{3+}+3e^-\Longrightarrow Fe$	-0.037
H(Ⅰ)-(0)	$2H^++2e^-\Longrightarrow H_2$	0
Ag(Ⅰ)-(0)	$AgBr+e^-\Longrightarrow Ag+Br^-$	0.0713
S(Ⅱ.Ⅴ)-(Ⅱ)	$S_4O_6^{2-}+2e^-\Longrightarrow 2S_2O_3^{2-}$	0.08
S(0)-(-Ⅱ)	$S+2H^++2e^-\Longrightarrow H_2S(aq)$	0.142
Sn(Ⅳ)-(Ⅱ)	$Sn^{4+}+2e^-\Longrightarrow Sn^{2+}$	0.151
Cu(Ⅱ)-(Ⅰ)	$Cu^{2+}+e^-\Longrightarrow Cu^+$	0.153
Bi(Ⅲ)-(0)	$BiOCl+2H^++3e^-\Longrightarrow Bi+Cl^-+H_2O$	0.1583
S(Ⅵ)-(Ⅳ)	$SO_4^{2-}+4H^++2e^-\Longrightarrow H_2SO_3+H_2O$	0.172
Ag(Ⅰ)-(0)	$AgCl+e^-\Longrightarrow Ag+Cl^-$	0.2223
Hg(Ⅰ)-(0)	$Hg_2Cl_2+2e^-\Longrightarrow 2Hg+2Cl^-$（饱和 KCl）	0.2681
Bi(Ⅲ)-(0)	$BiO^++2H^++3e^-\Longrightarrow Bi+H_2O$	0.32
Cu(Ⅱ)-(0)	$Cu^{2+}+2e^-\Longrightarrow Cu$	0.3419
S(Ⅳ)-(0)	$H_2SO_3+4H^++4e^-\Longrightarrow S+3H_2O$	0.449
Cu(Ⅰ)-(0)	$Cu^++e^-\Longrightarrow Cu$	0.521
I(0)-(-Ⅰ)	$I_3^-+2e^-\Longrightarrow 3I^-$	0.536
O(0)-(-Ⅰ)	$O_2+2H^++2e^-\Longrightarrow H_2O_2$	0.695
Fe(Ⅲ)-(Ⅱ)	$Fe^{3+}+e^-\Longrightarrow Fe^{2+}$	0.771
Hg(Ⅰ)-(0)	$Hg_2^{2+}+2e^-\Longrightarrow 2Hg$	0.7973
Ag(Ⅰ)-(0)	$Ag^++e^-\Longrightarrow Ag$	0.7996
N(Ⅴ)-(Ⅳ)	$2NO_3^-+4H^++2e^-\Longrightarrow N_2O_4+2H_2O$	0.803
Hg(Ⅱ)-(0)	$Hg^{2+}+2e^-\Longrightarrow Hg$	0.851
Cu(Ⅱ)-(Ⅰ)	$Cu^{2+}+I^-+e^-\Longrightarrow CuI$	0.86
Hg(Ⅱ)-(Ⅰ)	$2Hg^{2+}+2e^-\Longrightarrow Hg_2^{2+}$	0.92
Pd(Ⅱ)-(0)	$Pd^{2+}+2e^-\Longrightarrow Pd$	0.951
N(Ⅴ)-(Ⅱ)	$NO_3^-+4H^++3e^-\Longrightarrow NO+2H_2O$	0.957
Br(0)-(-Ⅰ)	$Br_2(l)+2e^-\Longrightarrow 2Br^-$	1.065
I(Ⅴ)-(-Ⅰ)	$IO_3^-+6H^++6e^-\Longrightarrow I^-+3H_2O$	1.085
Pt(Ⅱ)-(0)	$Pt^{2+}+2e^-\Longrightarrow Pt$	1.18
Cl(Ⅶ)-(Ⅴ)	$ClO_4^-+2H^++2e^-\Longrightarrow ClO_3^-+H_2O$	1.189
I(Ⅴ)-(0)	$2IO_3^-+12H^++10e^-\Longrightarrow I_2+6H_2O$	1.195
Mn(Ⅳ)-(Ⅱ)	$MnO_2+4H^++2e^-\Longrightarrow Mn^{2+}+2H_2O$	1.224
O(0)-(-Ⅱ)	$O_2+4H^++4e^-\Longrightarrow 2H_2O$	1.229
Cr(Ⅵ)-(Ⅲ)	$Cr_2O_7^{2-}+14H^++6e^-\Longrightarrow 2Cr^{3+}+7H_2O$	1.232
Cl(0)-(-Ⅰ)	$Cl_2(g)+2e^-\Longrightarrow 2Cl^-$	1.358

电对	方程式	$E^{\ominus}/V$
Au(Ⅲ)-(Ⅰ)	$Au^{3+}+2e^-=\!=\!=Au^+$	1.401
Br(Ⅴ)-(-Ⅰ)	$BrO_3^-+6H^++6e^-=\!=\!=Br^-+3H_2O$	1.423
Cl(Ⅴ)-(-Ⅰ)	$ClO_3^-+6H^++6e^-=\!=\!=Cl^-+3H_2O$	1.451
Pb(Ⅳ)-(Ⅱ)	$PbO_2+4H^++2e^-=\!=\!=Pb^{2+}+2H_2O$	1.455
Au(Ⅲ)-(0)	$Au^{3+}+3e^-=\!=\!=Au$	1.498
Mn(Ⅶ)-(Ⅱ)	$MnO_4^-+8H^++5e^-=\!=\!=Mn^{2+}+4H_2O$	1.507
Mn(Ⅶ)-(Ⅳ)	$MnO_4^-+4H^++3e^-=\!=\!=MnO_2+2H_2O$	1.679
Au(Ⅰ)-(0)	$Au^++e^-=\!=\!=Au$	1.692
Ce(Ⅳ)-(Ⅲ)	$Ce^{4+}+e^-=\!=\!=Ce^{3+}$	1.72
O(-Ⅰ)-(-Ⅱ)	$H_2O_2+2H^++2e^-=\!=\!=2H_2O$	1.776
Co(Ⅲ)-(Ⅱ)	$Co^{3+}+e^-=\!=\!=Co^{2+}$	1.92
S(Ⅶ)-(Ⅵ)	$S_2O_8^{2-}+2e^-=\!=\!=2SO_4^{2-}$	2.01
F(0)-(-Ⅰ)	$F_2+2e^-=\!=\!=2F^-$	2.866

2. 在碱性溶液中

电对	方程式	$E^{\ominus}/V$
Ca(Ⅱ)-(0)	$Ca(OH)_2+2e^-=\!=\!=Ca+2OH^-$	-3.02
Ba(Ⅱ)-(0)	$Ba(OH)_2+2e^-=\!=\!=Ba+2OH^-$	-2.99
La(Ⅲ)-(0)	$La(OH)_3+3e^-=\!=\!=La+3OH^-$	-2.9
Mg(Ⅱ)-(0)	$Mg(OH)_2+2e^-=\!=\!=Mg+2OH^-$	-2.69
Al(Ⅲ)-(0)	$H_2AlO_3^-+H_2O+3e^-=\!=\!=Al+4OH^-$	-2.33
P(Ⅰ)-(0)	$H_2PO_2^-+e^-=\!=\!=P+2OH^-$	-1.82
B(Ⅲ)-(0)	$H_2BO_3^-+H_2O+3e^-=\!=\!=B+4OH^-$	-1.79
P(Ⅲ)-(0)	$HPO_3^{2-}+2H_2O+3e^-=\!=\!=P+5OH^-$	-1.71
Si(Ⅳ)-(0)	$SiO_3^{2-}+3H_2O+4e^-=\!=\!=Si+6OH^-$	-1.697
Mn(Ⅱ)-(0)	$Mn(OH)_2+2e^-=\!=\!=Mn+2OH^-$	-1.56
Cr(Ⅲ)-(0)	$Cr(OH)_3+3e^-=\!=\!=Cr+3OH^-$	-1.48
Zn(Ⅱ)-(0)	$Zn(OH)_2+2e^-=\!=\!=Zn+2OH^-$	-1.249
Cr(Ⅲ)-(0)	$CrO_2^-+2H_2O+3e^-=\!=\!=Cr+4OH^-$	-1.2
Te(0)-(-Ⅰ)	$Te+2e^-=\!=\!=Te^{2-}$	-1.143
P(Ⅴ)-(Ⅲ)	$PO_4^{3-}+2H_2O+2e^-=\!=\!=HPO_3^{2-}+3OH^-$	-1.05
Zn(Ⅱ)-(0)	$[Zn(NH_3)_4]^{2+}+2e^-=\!=\!=Zn+4NH_3$	-1.04
Sn(Ⅳ)-(Ⅱ)	$[Sn(OH)_6]^{2-}+2e^-=\!=\!=HSnO_2^-+H_2O+3OH^-$	-0.93
S(Ⅵ)-(Ⅳ)	$SO_4^{2-}+H_2O+2e^-=\!=\!=SO_3^{2-}+2OH^-$	-0.93
Se(0)-(-Ⅱ)	$Se+2e^-=\!=\!=Se^{2-}$	-0.924
Sn(Ⅱ)-(0)	$HSnO_2^-+H_2O+2e^-=\!=\!=Sn+3OH^-$	-0.909
N(Ⅴ)-(Ⅳ)	$2NO_3^-+2H_2O+2e^-=\!=\!=N_2O_4+4OH^-$	-0.85
H(Ⅰ)-(0)	$2H_2O+2e^-=\!=\!=H_2+2OH^-$	-0.8277

电对	方程式	$E^{\ominus}/\text{V}$
Cd(II)-(0)	$Cd(OH)_2+2e^-\!=\!=\!Cd+2OH^-$	-0.809
Co(II)-(0)	$Co(OH)_2+2e^-\!=\!=\!Co+2OH^-$	-0.73
Ni(II)-(0)	$Ni(OH)_2+2e^-\!=\!=\!Ni+2OH^-$	-0.72
As(V)-(III)	$AsO_4^{3-}+2H_2O+2e^-\!=\!=\!AsO_2^-+4OH^-$	-0.71
Ag(I)-(0)	$Ag_2S+2e^-\!=\!=\!2Ag+S^{2-}$	-0.691
Sb(III)-(0)	$SbO_2^-+2H_2O+3e^-\!=\!=\!Sb+4OH^-$	-0.66
S(IV)-(II)	$2SO_3^{2-}+3H_2O+4e^-\!=\!=\!S_2O_3^{2-}+6OH^-$	-0.58
Te(IV)-(0)	$TeO_3^{2-}+3H_2O+4e^-\!=\!=\!Te+6OH^-$	-0.57
Fe(III)-(II)	$Fe(OH)_3+e^-\!=\!=\!Fe(OH)_2+OH^-$	-0.56
S(0)-(-II)	$S+2e^-\!=\!=\!S^{2-}$	-0.4763
Bi(III)-(0)	$Bi_2O_3+3H_2O+6e^-\!=\!=\!2Bi+6OH^-$	-0.46
N(III)-(II)	$NO_2^-+H_2O+e^-\!=\!=\!NO+2OH^-$	-0.46
Co(II)-C(0)	$[Co(NH_3)_6]^{2+}+2e^-\!=\!=\!Co+6NH_3$	-0.422
Se(IV)-(0)	$SeO_3^{2-}+3H_2O+4e^-\!=\!=\!Se+6OH^-$	-0.366
Cu(I)-(0)	$Cu_2O+H_2O+2e^-\!=\!=\!2Cu+2OH^-$	-0.36
Tl(I)-(0)	$Tl(OH)+e^-\!=\!=\!Tl+OH^-$	-0.34
Ag(I)-(0)	$[Ag(CN)_2]^-+e^-\!=\!=\!Ag+2CN^-$	-0.31
Cu(II)-(0)	$Cu(OH)_2+2e^-\!=\!=\!Cu+2OH^-$	-0.222
Cr(VI)-(III)	$CrO_4^{2-}+4H_2O+3e^-\!=\!=\!Cr(OH)_3+5OH^-$	-0.13
Cu(I)-(0)	$[Cu(NH_3)_2]^++e^-\!=\!=\!Cu+2NH_3$	-0.12
N(V)-(III)	$NO_3^-+H_2O+2e^-\!=\!=\!NO_2^-+2OH^-$	0.01
Pd(II)-(0)	$Pd(OH)_2+2e^-\!=\!=\!Pd+2OH^-$	0.07
Hg(II)-(0)	$HgO+H_2O+2e^-\!=\!=\!Hg+2OH^-$	0.0977
Co(III)-(II)	$[Co(NH_3)_6]^{3+}+e^-\!=\!=\![Co(NH_3)_6]^{2+}$	0.108
Co(III)-(II)	$Co(OH)_3+e^-\!=\!=\!Co(OH)_2+OH^-$	0.17
Pb(IV)-(II)	$PbO_2+H_2O+2e^-\!=\!=\!PbO+2OH^-$	0.247
I(V)-(-I)	$IO_3^-+3H_2O+6e^-\!=\!=\!I^-+6OH^-$	0.26
Cl(V)-(III)	$ClO_3^-+H_2O+2e^-\!=\!=\!ClO_2^-+2OH^-$	0.33
Ag(I)-(0)	$Ag_2O+H_2O+2e^-\!=\!=\!2Ag+2OH^-$	0.342
Ag(I)-(0)	$[Ag(NH_3)_2]^++e^-\!=\!=\!Ag+2NH_3$	0.373
O(0)-(-II)	$O_2+2H_2O+4e^-\!=\!=\!4OH^-$	0.401
I(I)-(-I)	$IO^-+H_2O+2e^-\!=\!=\!I^-+2OH^-$	0.485
Ni(IV)-(II)	$NiO_2+2H_2O+2e^-\!=\!=\!Ni(OH)_2+2OH^-$	0.49
Mn(VII)-(VI)	$MnO_4^-+e^-\!=\!=\!MnO_4^{2-}$	0.558
Mn(VII)-(IV)	$MnO_4^-+2H_2O+3e^-\!=\!=\!MnO_2+4OH^-$	0.595
Mn(VI)-(IV)	$MnO_4^{2-}+2H_2O+2e^-\!=\!=\!MnO_2+4OH^-$	0.6
Br(V)-(-I)	$BrO_3^-+3H_2O+6e^-\!=\!=\!Br^-+6OH^-$	0.61

电对	方程式	$E^{\ominus}/V$
Cl(V)-(−I)	$ClO_3^- + 3H_2O + 6e^- \rightleftharpoons Cl^- + 6OH^-$	0.62
I(Ⅶ)-(V)	$H_3IO_6^{2-} + 2e^- \rightleftharpoons IO_3^- + 3OH^-$	0.7
Br(I)-(−I)	$BrO^- + H_2O + 2e^- \rightleftharpoons Br^- + 2OH^-$	0.761
Cl(I)-(−I)	$ClO^- + H_2O + 2e^- \rightleftharpoons Cl^- + 2OH^-$	0.841

附录 6 常见配离子的稳定常数

配离子	$K_{稳}^{\ominus}$	配离子	$K_{稳}^{\ominus}$
$[AgBr_2]^-$	2.14×10^7	$[Cu(NH_3)_4]^{2+}$	2.09×10^{13}
$[Ag(CN)_2]^-$	1.26×10^{21}	$[Cu(SCN)_2]^-$	1.51×10^5
$[AgCl_2]^-$	1.10×10^5	$[Fe(CN)_6]^{4-}$	1.00×10^{35}
$[AgI_2]^-$	5.50×10^{11}	$[Fe(CN)_6]^{3-}$	1.00×10^{42}
$[Ag(NH_3)_2]^+$	1.12×10^7	$[FeF_6]^{3-}$	1.00×10^{16}
$[Ag(SCN)_2]^-$	3.72×10^7	$[HgBr_4]^{2-}$	1.00×10^{21}
$[Ag(S_2O_3)_2]^{3-}$	2.88×10^{13}	$[HgCl_4]^{2-}$	1.17×10^{15}
$[Au(CN)_2]^-$	2.00×10^{38}	$[Hg(CN)_4]^{2-}$	2.50×10^{41}
$[Ca(EDTA)]^{2-}$	1.00×10^{11}	$[HgI_4]^{2-}$	6.76×10^{29}
$[CdCl_4]^{2-}$	3.10×10^2	$[PbCl_4]^{2-}$	39.8
$[Cd(EDTA)]^{2-}$	3.80×10^{16}	$[PbI_4]^{2-}$	2.95×10^4
$[CdI_4]^{2-}$	3.00×10^6	$[Ni(CN)_4]^{2-}$	2.00×10^{31}
$[Cd(NH_3)_4]^{2+}$	3.60×10^6	$[Ni(en)_3]^{2+}$	2.14×10^{18}
$[Co(NH_3)_6]^{2+}$	1.29×10^5	$[Ni(NH_3)_6]^{2+}$	5.50×10^8
$[Co(NH_3)_6]^{3+}$	1.58×10^{35}	$[Ni(NH_3)_4]^{2+}$	9.09×10^7
$[Co(SCN)_4]^{2-}$	1.00×10^5	$[ZnCl_4]^{2-}$	1.58
$[CuCl_2]^-$	3.12×10^5	$[Zn(CN)_4]^{2-}$	5.00×10^{16}
$[Cu(CN)_2]^-$	1.00×10^{24}	$[Zn(EDTA)]^{2-}$	2.50×10^{16}
$[Cu(en)_2]^+$	6.33×10^{10}	$[Zn(en)_2]^{2+}$	6.76×10^{10}
$[CuI_2]^-$	7.09×10^8	$[Zn(NH_3)_4]^{2+}$	2.88×10^9
$[Cu(NH_3)_2]^+$	7.24×10^{10}	$[Zn(OH)_4]^{2-}$	4.57×10^{17}

附录 7 常用酸碱溶液的配制

1. 普通酸碱溶液的配制

名称	质量分数/%	近似摩尔浓度 /mol·L^{-1}	欲配溶液的摩尔浓度/mol·L^{-1}			
			6	3	2	1
			配制1L溶液所用的量/mL(或 g)			
盐酸	36~38	12	500	250	167	83

续表

名称	质量分数/%	近似摩尔浓度/mol·L⁻¹	欲配溶液的摩尔浓度/mol·L⁻¹			
			6	3	2	1
			配制1L溶液所用的量/mL(或g)			
硝酸	65～68	15	381	191	128	64
硫酸	95～98	18	84	42	28	14
冰醋酸	99.9	17	253	177	118	59
磷酸	85	15	39	19	12	6
氨水	28	15	400	200	134	77
氢氧化钠	固体		(240)	(120)	(80)	(40)
氢氧化钾	固体		(339)	(170)	(113)	(56.5)

2. 常用酸碱指示剂的配制

指示剂	pK(HIn)	变色pH值范围	酸色	碱色	配制方法
百里酚蓝	1.65	1.2～2.8	红	黄	0.1%的20%乙醇溶液
甲基橙	3.4	3.1～4.4	红	橙黄	0.05%水溶液
溴甲酚绿	4.9	3.8～5.4	黄	蓝	0.1%的20%乙醇溶液或0.1g指示剂溶于2.9mL 0.05mol·L⁻¹NaOH加水稀释至100mL
甲基红	5	4.4～6.2	红	黄	0.1%的60%乙醇溶液
溴百里酚蓝	7.3	6.2～7.3	黄	蓝	0.1%的20%乙醇溶液
中性红	7.4	6.8～8.0	红	黄橙	0.1%的60%乙醇溶液
百里酚蓝(第二变色范围)	9.2	8.0～9.6	黄	蓝	0.1%的20%乙醇溶液
酚酞	9.4	8.0～10.0	无色	红	0.5%的90%乙醇溶液
百里酚酞	10	9.4～10.6	无色	蓝	0.1%的90%乙醇溶液

附录8 酸度计的使用

1. 酸度计简介

酸度计也称pH计，是化学实验室常用的仪器。酸度计由电极和电位计两部分组成。主要用来测量液体介质的酸碱度值，配上相应的电极可以测量电位值(mV)。酸度计广泛应用于工业、农业、科研、环保等领域。

酸度计的工作原理是将测量电极和参比电极一起浸在被测溶液中，组成一个原电池，通过测定原电池的电动势，即可得知被测溶液的pH值。测量电极为玻璃电极，玻璃电极的功能是建立一个对所测量溶液的氢离子活度发生变化作出反应的电位差。参比电极的基本功能是维持一个恒定的电位，作为测量各种偏离电位的对照。把对pH值敏感的电极和参比电极放在同一溶液中，就组成了一个原电池，该电池的电位是玻璃电极和参比电极电位的代数和。如果温度恒定，这个电池的电位随待测溶液pH值的变化而变化，而测量pH计中电池产生的电位是困难的，因其电动势非常小，且电路的阻抗又非常大。因此，必须把信号放大，使其足以推动标准毫伏表或毫安表。电流计的功能就是将原电池的电位放大若干倍，放大了的信号通过电表显示出来，电表指针偏转的程度表示其推动的信号的强度，为了使用的需要，pH 电流表的表盘刻有相应的 pH 值。而数字式 pH 计则直接以数字显出 pH 值。

（1）玻璃电极

玻璃电极由玻璃支杆、玻璃膜、内参比溶液、内参比电极、电极帽和电线等组成［见附图 8-1(a)］。玻璃电极的关键部分是连接在玻璃管下端、用特制玻璃制成的半球形玻璃薄膜，膜厚 $50\mu m$。在玻璃薄膜圆球内装有一定浓度的 HCl 溶液（常用 $0.1 mol \cdot L^{-1}$），并将覆盖有一薄层 AgCl 的银丝插入 HCl 溶液中，再用导线接出，即构成一个玻璃电极。

当玻璃电极浸入待测 pH 值的溶液中时，玻璃薄膜内外两侧因吸水膨润而分别形成两个极薄的水化凝胶层，中间则仍为干玻璃层。在进行 pH 值测定时，玻璃膜外侧与待测 pH 值溶液的相界面上发生离子交换，有 H^+ 进出；同样，玻璃膜内侧与膜内装的 HCl 溶液的相界面上也发生离子交换，也有 H^+ 进出。由于玻璃膜两侧溶液中 H^+ 浓度的差异，以及玻璃膜水化凝胶层内离子扩散的影响，就逐渐在膜外侧和膜内侧两个相界面之间建立起一个相对稳定的电势差，称为膜电势。由于膜内侧 HCl 溶液浓度为定值，当玻璃膜内离子扩散情况稳定后，它对膜电势的影响也为定值，因此膜电势就只取决于膜外侧待测 pH 值溶液中的 H^+ 浓度。在膜电势与 AgCl-Ag 电极的电势合并后，即得玻璃电极的电极电势。

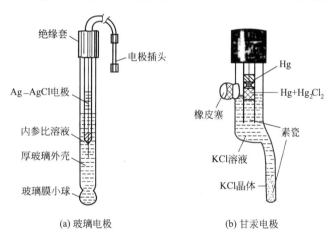

附图 8-1　玻璃电极和甘汞电极结构示意图

（2）参比电极

常用的参比电极是甘汞电极。它是由汞（Hg）和甘汞（Hg_2Cl_2）的糊状物装入一定浓度的 KCl 溶液中构成的［见附图 8-1(b)］。汞上面插入铂丝，与外导线相连，KCl 溶液盛在底部玻璃管内，管的下端开口用陶瓷塞塞住，塞内的毛细孔在测量时允许有少量 KCl 溶液向外渗漏。但绝不允许被测溶液向管内渗漏，否则将影响电极读数的重现性，导致不准确的结果。为了避免出现这种现象，使用甘汞电极时最好把它上面的小橡皮塞拔下，以维持管内足够的液位压差，消除被测溶液通过毛细孔渗入的可能性。在使用甘汞电极时还应注意，KCl 溶液要浸没内部小玻璃管的下口，并且在弯管内不允许有气泡将溶液隔断。甘汞电极做成下管较细的弯管，有助于调节与玻璃电极间的距离，以便在直径较小的容器内也可以插入进行测量。甘汞电极在不用时，可用橡皮套将下端毛细孔套住或浸在 KCl 溶液中，但不要与玻璃电极同时浸在去离子水中保存。甘汞电极的电极电势只随电极内装的 KCl 溶液浓度（实质上是 Cl⁻浓度)而改变，不随待测溶液的 pH 值不同而变化。通常所用的饱和 KCl 溶液的甘汞电极的电极电势为 0.2415V。

2. 酸度计的使用步骤

首先将 pH 复合电极下端的电极保护套拔下，并且拉下电极上端的橡皮套使其露出上端小孔，用蒸馏水清洗电极，清洗后用滤纸吸干。将电源线插入电源插座，按下电源开关。电源接通后，预热 30min，接着进行标定。

(1) 标定(适用于 pH 值为 4.00、6.86、9.18 的标准缓冲溶液)

按"pH/mV"按钮，使仪器进入 pH 值测量状态。

按"温度"按钮，使仪器进入溶液温度调节状态，按"温度"键上的"▲"或"▼"调节温度显示数值上升或下降，使仪器显示温度为当前溶液温度值，然后按"确认"键，仪器确定溶液温度后回到 pH 值测量状态。

把用蒸馏水清洗过、滤纸吸干的电极插入 pH=6.86 的标准溶液中，待读数稳定后按"定位"键(此时 pH 值指示灯慢闪烁，表明仪器在定位标定状态)，按"定位"键上的"▲"或"▼"调节 pH 显示数值上升或下降，使仪器显示读数与该缓冲溶液当时温度下的 pH 值相一致，然后按"确认"键。

把用蒸馏水清洗过、滤纸吸干的电极插入 pH=4.00(或 pH=9.18)的标准溶液中，待读数稳定后按"斜率"键，按"斜率"键上的"▲"或"▼"调节 pH 显示数值上升或下降，使读数为该溶液当时的 pH 值，然后按"确认"键，仪器进入 pH 值测量状态，pH 值指示灯停止闪烁，标定完成。

(2) 测量 pH 值

用蒸馏水清洗电极头部，再用被测溶液清洗一次。把电极浸入被测溶液中，用玻璃棒搅拌溶液，使其均匀，在显示屏上读出溶液的 pH 值。

(3) 测量电极电位

打开电源开关，仪器进入 pH 值测量状态。按"pH/mV"键，使仪器进入 mV 测量即可。把复合电极夹在电极架上，用蒸馏水清洗电极头部，再用被测溶液清洗一次。把复合电极的插头插入测量电极插座处，把复合电极插在被测溶液内，将溶液搅拌均匀后，即可在显示屏上读出该离子选择电极的电极电位。

附录 9 可见分光光度计的使用

1. 基本原理

可见分光光度计是一种利用物质分子对光有选择性吸收而进行定性、定量分析的光学仪器。用一束平行光照射在均匀、不散射的溶液上时，一部分被吸收，一部分透过。能被溶液吸收的光的波长取决于溶液中分子的性质。溶液中的物质选择性地吸收一定波长的光，使透过光的强度减弱。物质吸收光的程度可以用吸光度 A 或透光率 T 表示，其定义分别为：

$$A = \lg \frac{1}{T} = klc$$

$$T = \frac{I}{I_0}$$

式中，A 为吸光度；T 为相对于标准试样的透射比；I 为透射光强度；I_0 为入射光强度；k 为摩尔吸收系数；l 为液层的厚度；c 为溶液的浓度。此式即为朗伯-比耳定律。

由朗伯-比耳定律可知，当摩尔吸收系数和溶液的液层厚度不变时，吸光度与溶液的浓度成正比，这是分光光度法进行测定分析的依据。

2. 722 型分光光度计的使用方法

722 型分光光度计的外形如附图 9-1 所示。

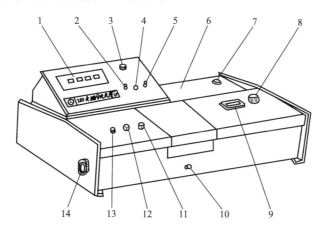

附图 9-1　722 型分光光度计的外形

1—数字显示器；2—吸光度调零旋钮；3—选择开关；4—吸光度调斜率电位器；
5—浓度旋钮；6—光源室；7—电源开关；8—波长旋钮；9—波长刻度窗；
10—试样架拉手；11—100％T 旋钮；12—0％T 旋钮；13—灵敏度调节旋钮；14—干燥器

其操作步骤如下：

① 按下电源开关按钮，此时光路、电路接通，同时开启试样室盖子，将光门自动关闭，切断光路。

② 将选择开关置于"T"位(透射比)，波长旋钮调整至测定所需波长值、灵敏度调节旋钮调至低位后，仪器预热 20min。

③ 在仪器预热状态下，依次在仪器的试样架上放好空白溶液、标准溶液、待测溶液。比色皿的石英玻璃面应用镜头纸擦干净。

④ 调节"0％T"旋钮，使读数显示为"00.0"，盖上试样室盖子，将比色架处于空白溶液位置，调节"100％T"旋钮，便读数显示为"100.0"。

⑤ "T"位调整稳定后，将选择开关置于"A"位(吸光度)，仍然将空白溶液置于光路中，调整吸光度调零旋钮，使吸光度值显示为"0.000"，如果需要记录溶液吸光度值，此时可拉动比色架拉杆，依次将标准溶液、待测溶液进入光路，测量其吸光度值。

⑥ 如果需要直接记录被测溶液浓度值，可在调"A"为"0.000"后，将选择开关置于"C"位(浓度)，调整其读数为 0，然后将标准溶液拉入光路，调整浓度旋钮，使其显示值为标准溶液浓度值，再依次将被测溶液将拉入光路中，其显示值即为样品浓度值。

⑦ 测量完毕，取出比色皿，洗净擦干，将各旋钮恢复到起始位置，关闭电源。

3. 注意事项

① 测试过程尽可能快速进行，读数完毕需进行下一步操作时，应随手开启试样室盖子(包括预热阶段)，使光门在未读数时处于自动关闭状态，以防止光门常开使光电倍增管长期处于工作状态而加速疲劳老化。

② 在测试中如果需改变波长，应在改变波长后适当延长仪器的稳定时间，再从"T"开始对仪器进行调整，其他位置，如"A"位、灵敏度等的改变，均应在仪器稳定后，从头对仪器进行调整。

③ 测试工作完毕后，应关闭电源检查和擦拭比色皿架内外的水分，保持仪器内外清洁、干燥，并定期更换外侧干燥剂。

④ 注意轻拿轻放比色皿，防止损坏。比色皿透光部分不应用手触摸，不应与其他物品接触，擦拭时只能用镜头纸。

⑤ 不同测试项目间的比色皿不能混用，补充损坏的比色皿时，需检查透光率。

附录 10 电导率仪的使用

1. 基本原理

对于电解质溶液，常用两片固定在玻璃上的平行电极组成电导池（又称电导电极），浸入待测的电解质溶液中测定其电导。电导与导体的面积 A 成正比，与导体的长度 l 成反比。即

$$G = \kappa \frac{A}{l}, \kappa = G \frac{l}{A}$$

在电导池中，电极距离和面积是一定的，所以对某一电极来说，$\frac{l}{A}$ 是常数，称为电极常数或电导池常数。

不同的电极，其电导池常数不同，因此测出同一溶液的电导 G 也就不同。而电导率 κ 值与电极本身无关，因此通过上述公式将电导 G 换算成电导率 κ，就可以用电导率来比较溶液电导的大小。而电解质导电能力的大小又正比于溶液中电解质的含量，所以通过测量电解质溶液的电导率就可以测得电解质的含量。

2. DDS-11A 型电导率仪的使用方法

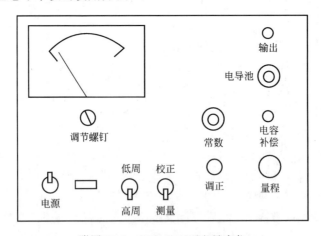

附图 10-1　DDS-11A 型电导率仪

DDS-11A 型电导率仪如附图 10-1 所示。其使用方法如下：

① 将电极放在盛有去离子水的烧杯中数分钟。

② 打开开关前，先检查指针是否在零刻度。如果指针不在零刻度，需调节表头上的螺钉至指针指零。

③ 将"校正/测量"开关扳到"校正"位置。

④ 按下电源开关，预热 30min。调节"调正"旋钮，使指针指在满刻度上。

⑤ 将"高周/低周"开关扳向"低周"位置。

⑥ 将"量程"开关扳到所需的测量范围。

⑦ 将电极"常数"旋钮调节到所用电极常数相对应的位置上。

⑧ 插上电极，用待测溶液洗涤电极 2～3 次。将电极浸入待测溶液中，再调节"调正"旋钮，使指针指在满刻度上，然后将"校正/测量"开关扳到"测量"位置，读数。可多测量几次求平均值。

⑨ 将"校正/测量"开关扳到"校正"位置，取出电极。

⑩ 关上开关，拔下电源，取下电极，用去离子水冲洗电极。

参考文献

[1] 华东理工大学. 无机化学实验[M]. 第4版. 北京：高等教育出版社，2007.

[2] 蒋碧茹，潘润身. 无机化学实验[M]. 北京：高等教育出版社，1999.

[3] 刘巍，王佩玉，蔡照胜等. 新编大学化学实验（一）[M]. 北京：化学工业出版社，2010.

[4] 朱霞石，李增光，李宗伟等. 新编大学化学实验（二）[M]. 北京：化学工业出版社，2010.

[5] 袁天佑，吴文伟，王清. 无机化学实验[M]. 上海：华东理工大学出版社，2005.

[6] 李芳实，刘宝春，张娟. 无机化学与化学分析实验[M]. 北京：化学工业出版社，2006.

[7] 罗士平，陈若愚. 基础化学实验（上）[M]. 北京：化学工业出版社，2004.

[8] 袁书玉. 无机化学实验[M]. 北京：清华大学出版社，1996.

[9] 徐莉英. 无机及分析化学实验[M]. 上海：上海交通大学出版社，2004.

[10] 毛海荣. 无机化学实验[M]. 上海：东南大学出版社，2006.

[11] 周祖新. 无机化学实验[M]. 上海：上海交通大学出版社，2009.

[12] 张霞. 无机化学实验[M]. 北京：冶金工业出版社，2009.

[13] 王致勇，连祥珍. 实验无机化学[M]. 北京：清华大学出版社，1987.

[14] 北京师范大学无机化学教研室. 无机化学实验[M]. 北京：高等教育出版社，2010.

[15] 姚迪民，刘世香，杜凌. 无机化学实验[M]. 北京：冶金工业出版社，1998.

[16] 王克强，王捷，吴本芳. 新编无机化学实验[M]. 上海：华东理工大学出版社，2001.

[17] 钟国清. 无机及分析化学实验[M]. 北京：科学出版社，2011.

[18] 屈小英，周华. 工科无机化学实验[M]. 北京：科技文献出版社，2008.

[19] 侯海鸽，朱志彪，范乃英. 无机及分析化学实验[M]. 哈尔滨：哈尔滨工业大学出版社，2005.

[20] 周井炎. 基础化学实验（上）[M]. 武汉：华中科技大学出版社，2004.

[21] 方国女，王燕，周其镇. 大学基础化学实验（Ⅰ）[M]. 第2版. 北京：化学工业出版社，2005.

[22] 钟国清，朱云云. 无机及分析化学实验[M]. 北京：科学出版社，2006.

[23] 文利柏，虎玉森，白红进. 无机化学实验[M]. 北京：化学工业出版社，2010.

[24] 翟滨，王岩. 基础化学实验[M]. 北京：化学工业出版社，2010.

[25] 吉林大学. 基础化学实验：上册[M]. 北京：高等教育出版社，2006.

[26] 刘迎春. 无机化学实验[M]. 北京：中国医药科技出版社，1998.

[27] 中山大学等. 无机化学实验[M]. 北京：高等教育出版社，1992.

[28] 南京大学. 无机及分析化学实验[M]. 北京：高等教育出版社，2001.

[29] 大连理工大学无机化学教研室. 无机化学实验[M]. 北京：高等教育出版社，1998.

[30] 夏华. 无机化学实验[M]. 武汉：中国地质大学出版社，2009.

[31] 彭秧，李天安，将晓慧，等. 化学基础实验（Ⅱ）[M]. 重庆：西南师范大学出版社，2007.

[32] 朱玲，徐春祥. 无机化学实验[M]. 北京：高等教育出版社，2005.

[33] 谢川，鲁厚芳. 工科化学实验[M]. 成都：四川大学出版社，2006.

[34] 杨世琥. 近代化学实验[M]. 北京：石油工业出版社，2004.

[35] 王传胜. 无机化学实验[M]. 北京：化学工业出版社，2009.

[36] 袁天佑，吴文伟，王清. 大学基础化学实验：无机化学实验[M]. 武汉：华中科技大学出版社，2004.

[37] 李文军. 无机化学实验[M]. 北京：化学工业出版社，2008.

[38] 包新华，邢颜军，李向清. 无机化学实验[M]. 北京：科学出版社，2013.

[39] 郎建平，卞国庆. 无机化学实验[M]. 南京：南京大学出版社，2009.

[40] 徐琰，何占航. 无机化学实验[M]. 郑州：郑州大学出版社，2006.

[41] 武汉大学化学与分子科学学院实验中心. 无机化学实验[M]. 武汉：武汉大学出版社，2002.

[42] 高明慧. 无机化学实验[M]. 合肥：中国科学技术大学出版社，2011.

[43] 古风才，肖衍繁. 基础化学实验教程[M]. 北京：科学出版社，2005.

[44] 吴辉煌. 电化学工程基础[M]. 北京：化学工业出版社，2008.

[45] 王雲. "海底牛奶"牡蛎[J]. 生活与健康，2004，（9）：28-29.

［46］席宗超.赋予配合物实验以探究性[J].化学教育，2012，33(4)：26-27，35.

［47］周贤亚，王方阔，胡蕾，等.过氧化氢分解热的测定实验的改进[J].广东化工，2010，(11)：140-141.

［48］刘巧玲.关于一氧化还原反应实验内容的改进[J].太原师范学院学报：自然科学版，2004，3(3)：70-71.

［49］陈蓝苏.中国养殖水产品国内市场现状及展望[J].科学养鱼，2007，23(8)：1-2.

［50］文红梅，练鸿振，吴德康，等.皱纹盘鲍与白鲍贝壳的成分研究[J].中国药学杂志，1999，34(2)：85-87.

［51］马玮娟，王振林.锌、铜、镁与癌症、心血管疾病等原因死亡率的危险性[J].国外医学医学地理分册，2006，27(4)：164-167.

［52］戴素珍.从含银实验废液中回收银[J].河北北方学院学报：自然科学版，2005，21(3)：22-24.

［53］岳劲志，孙云娟，王润梅.含银实验室废液中银的回收[J].山西大同大学学报：自然科学版，2009，25(1)：40-41.

［54］曹忠良，汤青云，段冬平.利用费硬质合金顶锤制取12-磷钨酸和钴粉[J].河南化工，2006，23(5)：24-25，44.

［55］刘玉民，齐涛，张懿.钛酸钾材料的制备及其性能[J].化工进展，2008，27(12)：1982-1985.

［56］仝启杰，齐涛，刘玉民，等.KOH 亚熔盐法制备钛酸钾晶须和二氧化钛[J].过程工程学报，2007，7(1)：85-89.

［57］张培培，黄剑锋，曹丽云.微波水热法制备硫化锡纳米晶及其光学性质的研究[J].2012，44(5)：22-25.

［58］陈柱.太阳电池用 CdS 和 SnS_2 薄膜的制备及其性能研究[D].合肥：合肥工业大学，2012.